U0677590

书山有路勤为径，优质资源伴你行
注册世纪波学院会员，享精品图书增值服务

刻意改变

HABIT CHANGERS

81 Game-Changing Mantras
to Mindfully Realize Your Goals

81种改变习惯、实现目标的思维训练方法

[美]玛丽·简·瑞安 | 著
Mary Jane Ryan

陈阳 | 译

電子工業出版社
Publishing House of Electronics Industry
北京 · BEIJING

HABIT CHANGERS: 81 Game-Changing Mantras to Mindfully Realize Your Goals

Copyright © 2016 by Mary Jane Ryan

All rights reserved.

Simplified Chinese edition copyright © 2018 by Publishing House of Electronics Industry.

本书中文简体字版经由 Mary Jane Ryan 授予电子工业出版社出版发行，未经许可，不得以任何方式抄袭、复制或节录本书中的任何内容。

版权贸易合同登记号　图字：01-2017-8421

图书在版编目（CIP）数据

刻意改变：81 种改变习惯、实现目标的思维训练方法 /（美）玛丽·简·瑞安（Mary Jane Ryan）著；陈阳译. —北京：电子工业出版社，2021.9

书名原文：Habit Changers: 81 Game-Changing Mantras to Mindfully Realize Your Goals

ISBN 978-7-121-41732-0

Ⅰ. ①刻… Ⅱ. ①玛… ②陈… Ⅲ. ①思维训练－通俗读物 Ⅳ. ①B80-49

中国版本图书馆 CIP 数据核字（2021）第 173990 号

责任编辑：袁桂春

印　　刷：天津千鹤文化传播有限公司

装　　订：天津千鹤文化传播有限公司

出版发行：电子工业出版社

　　　　　北京市海淀区万寿路 173 信箱　　邮编 100036

开　　本：880×1230　1/32　印张：6.875　字数：132 千字

版　　次：2021 年 9 月第 1 版

印　　次：2021 年 9 月第 1 次印刷

定　　价：56.00 元

凡所购买电子工业出版社图书有缺损问题，请向购买书店调换。若书店售缺，请与本社发行部联系，联系及邮购电话：（010）88254888，88258888。

质量投诉请发邮件至 zlts@phei.com.cn，盗版侵权举报请发邮件至 dbqq@phei.com.cn。

本书咨询联系方式：（010）88254199，sjb@phei.com.cn。

前　言

你期待生活中有哪些改变？更专注于工作？更有效地交流？有空静下心来做长远规划而不是每天到处灭火？更好地平衡工作与生活？关注身体健康状况？对团队及家人更有耐心？更自信？减缓压力？获得更多幸福感？如果始终能让你用更幸福与成功的方式来掌控命运和改变行为，那会是怎样一番景象？

你可以变得更好。因为已经帮助许多人实现了日常改变，所以我很确定这点。听到你们说出并实现目标是我最开心的事。一直以来，我致力于将人类潜能用喜欢的方式转化为幸福与成功。因此，在过去的 14 年里，我与世界上最大的公司合作过，与企业家合作过，也与上到 75 岁的老人下至 16 岁的年轻人合作过。我也写过许多以积极成长为主题的书，同时我在全世界举办关于这些主题的演讲和研讨会。

在工作中，我见证了人们如何更好地处理愤怒、停止忧虑，并成为拥有高情商、关怀他人、更自信和更有能力的领导者，以及他们如何更成功地领导与影响团队，收获成长。

通过在工作中的与人交往我深知一个道理，无论你多么才华横溢、聪明伶俐、严于律己，行为上的改变也是很难的。可能你也知道本性难移。你发誓痛改前非，但总是积习难改。你一再发誓说"这次是真的"，但一周、一个月或一年后又重蹈覆辙，再次失望。

我也经历过这些失望，因此感同身受。后来，我读了佛教中关于修心的 59 行箴言。从第一行开始背诵，直到它嵌入脑中，然后再开始第二行。我想知道它对客户是否有效，但发现这些箴言含义模糊，除非熟知佛法，否则不容易生效。因此，我放弃了这个主意。

但对我确实有效。某天我和一位工作忙碌的主管在一起聊天，他想知道如何不必事必躬亲，这时那些箴言在我头脑中盘旋，于是我吟诵起来。他看着我说："我很忙，我需要简单的东西。"

于是我毫不犹豫地说道："我准备教你一句话。每当你与员工谈话时，你就对自己说：'告诉对方事情及原因，不要告诉对方怎样做。'"他答应了。

他的转变持久且惊人。因为这句话简单易懂，他熟记于心且反复实践。每次尝试，他都能适当指导员工而非事必躬亲。他的老板和员工都注意到了这个变化，三个月后他升职为经理，这是他多年来求之不得的职位。当他上完我的课离开时，他满怀感激并觉得这是一门有力量的修正课程，帮他更明确自己的定位。

至此，我意识到使用简单口号可以帮到客户和他人，这种方式可以有效帮助他人改变思维习惯。我开始设计朗朗上口的口号，然后指导行为，反复实践。不出所料，大家也觉得这样事半功倍。

献给那些想寻找简单方法去积极改变生活的人

本书方法的可行性

可能你会问："简单重复一句话怎么会产生真实、有意义和持续的行为改变呢？"为何这些提示语如此有效？最新的神经科学研究给出了解释。为节约能量，大脑创造出思考习惯和行为自动化。习惯的形成来自大脑基底神经节，是大脑中无意识的部分，大部分情况下对本人不可见。这种思考是自动化的，甚至它存在于我们日常生活中的点点滴滴，当你刷牙时或开车时,这很神奇。谁会有意识地每天都注意到它？

当提到改变思维习惯时，无意识却成为一个问题。没有意识，你便无法主动抉择。这就是为什么你总是在事后思考："下午本来不想吃纸杯蛋糕"，或者"在会议上我本来不准备发言"，或者"我本来不想和她争吵，事情却发生了"。每次总是走老路，不是因为你愚钝，而是因为你是个自动化驾驶员。本书中的提示语之所以奏效，是因为它们颠覆了自动化系统，帮你意识到你正在做的事情，同时提醒你想做之事。从脑科学角度看，它们将脑基底控制行为转到前额叶皮质——大脑执行中心。在这个区域里你有意识地做出选择，保持行动与众不同。你也能注意到自己要做什么及想做什么，而不是仅仅受困于积习难改。

主动意识是改变的关键，因为学习首先靠主动意识。"在20世纪60年代，心理学家确定了我们习得新技能的三个阶段。"科普作家约书亚·弗尔在《潜能最大化》一书中提到，"我们始于认知阶段，在这一阶段我们将任务知识化，发现能做得更好的新策略，同时也犯很多错误。我们有意识地关注自己的行为。然后，我们进入了'联系阶段'，这时我们犯的错误越来越少，渐入佳境。最后，我们到达'自主阶段'，这时我们成为自动驾驶员，并将技能后移到心理储备区并不再给予过多有意识的关注。"重复这些话等于进行足够的意识训练，并进入联系阶段，最终帮助新行为达到自主阶段。

印度尼西亚阿撒罗部落和巴布亚新几内亚流传着一

句优美格言，描述了当学习新技能时我们需要知道哪些事情："知识只是谣传，除非它深入骨髓。"我们必须超越梦想，反复更新行为，直到它成为我们深入骨髓的习惯。你选择的改变思维习惯的箴言将帮助你梦想成真。

当然，意愿也有力量。在里克·汉森和理查德·蒙迪思合著的《佛陀的大脑》一书中提到："我们的大脑从上到下、由内而外地进化演变，中央神经系统伴随其中。"当我们产生积极想法时，"它们在中央神经系统上下波动"，通过大脑所有部分达成愿望。也就是说，当我们运用改变思维习惯的话语时，大脑启动强有力的机制来创造和支持改变的意愿。如果坚持足够久，我们可以让大脑意愿变得更好且更持久。

坚持多久才足够？直到你处于自主阶段——当你不再有意识考虑它。尽管一些持乐观态度的书中声称"七天可以改变思维习惯"，但改变思维习惯需要进行大量练习。当然这也因人而异，平均来说，6~9个月能养成新习惯。而这时，旧习惯也依然存在，所以当压力陡增时，我们会发现自身的行为又重回过去。当压力消失时就是改变思维习惯的最有利时机——它帮你避免陷阱，并迅速带入新行为。

常有人问我，这些提示语是不是就是肯定自己？当然不是。肯定自己意味着你已经具有期待的品质——"我沉稳""我自信"等。我个人认为这样的句子是无效的，因为你的内心深处早已知悉，它们是谎言——你不沉稳，也不自信。通过自欺欺人你制造了更大的失落感，使"改变"这个词更加遥不可及。

与此相反，我把这些提示语叫作能改变思维习惯的短句，并把它们定义为"一种用有意义的方式引入的、可以改变现有情形或活动的元素"。这些短句与肯定自己的句子不同，它们更像一种警醒——实际上是为改变做指南。它们不是催促你赶紧服药，其本身就是良方。通过思考和表达这些短句，你实际是在训练自己实现意愿。我的很多客户把它们叫作箴言。它们是一种神圣的口头表达，是反复吟诵的短句。但同时它们又与真正的宗教箴言不同，这些语句仅仅作用于神经层面，时刻提醒自己如何行动，因此，它更有助于促成改变。

如何使用本书

本书已为我的客户带来改变，同样对你也会有所帮助：通过反复记诵这些朗朗上口的箴言，你可以有效改善自己的生活。听起来太简单了，不过确实如此——简单且高效。在本书中，你可以学到81个短句或箴言，我的客户认为它们能解决问题，非常实用。开始阅读前，请先打开目录，它们已集中呈现。先找到你关注的方面。找到一两个话题，不必过多，一个关注点便可奏效。完成并保持第一个习惯后，你可以继续下一个。

在所选章节中，你会看到它的解释。选择最能激起共鸣的箴言，自觉自愿地去实现它。我注意到客户的不同称呼，如称自己为"我""你"或"您"，例如"现在回到我这里"或"现在回到你那里"。统一称呼为"你或您"更实用。也可以把这些箴言变成问句——有些客户曾说，当这些语句被写成陈述句时显得毫无生气，一旦变成问句便让人欢欣鼓舞。这与每个人处理信息的方式有关，听从自己的感觉，因为在这点上并无对错之分。

熟练以后，你可以创作让自己产生共鸣的箴言。我妹妹最近告诉我她是如何使用"一点点来"这个短句的。来自古巴的婆婆告诉了她这个短句，为了提醒她不要被大场面吓倒，而是稳健、一步一个脚印地做事。"当我面对艰巨任务手足无措时，她用西班牙口音对我的耳语仍然让我记忆犹新。"

抄写语句，并把它放在随时随地能看见的地方，不要只放在一个地方，如镜子上、汽车里或手机上。最初，外部提醒可以帮我们激活意愿并为培养习惯进行足够的训练。

为增加箴言的力量，可以增加视觉形象或手势。以"这位是我的老师"这句话为例，或许它会让你联想到令人敬佩的教师形象，所以在学习时可以向外稍微伸出手来。对于 "愤怒是沸腾的恐惧"这句话，可以在脑海中想象有个正在加热的水壶，然后熄灭火焰。这些只是建议，你可以用任何想到的形象或手势。多一个形象或手势，会提高学习效率,因为同时激活了三种学习渠道——听觉（词语）、视觉（形象）和触觉（姿势）。许多人自认为是听觉、视觉或触觉型学习者,但实际上三种渠道一起输入效率最高。

最近研究表明,姿势能够极大地影响我们的情绪和行为。不信你可以试试:保持"神奇女侠"的姿势站立两分钟——手放两侧、双脚分开并保持微笑,可以将荷尔蒙提高 20%,同时降低会让你感到有压力的肾上腺皮质醇 20%,你会觉得心情舒畅,自信满满。或许你并不需要两分钟。根据科学家帕布罗·布雷诺和理查德·贝迪最近的试验,人们只要直立,肩膀向后舒展,脊柱挺直（我们常说的自信姿态）,就会比保持退缩与自我防卫的"怀疑"站姿更自信。美国德州大学奥斯汀分校人文发展副教授克瑞斯·奈福进行的关于自我同情的调查表明,当我们把手放在胸前,会感到被亲人拥抱般舒适。大脑会释放出一种荷尔蒙,即能降低焦虑,并增加愉悦感、稳定情绪和安全感的催产素。

得知这些,你的箴言将更具魅力。它可以为冒险、自信、边界及适应力或任何需要增加几分魅力。把手放在胸前,它也可以为应对恐惧、忧虑、压力和接受现实减少几分阻力。

当开始使用这些箴言时，请不要期待过高。当忘记或没有做到言行一致时，请善待自己。过于严苛不利于形成积极的改变。诚然，当愤怒来临时还温文尔雅的确很难。正如奈福关于自我同情的调研所揭示的，人类大脑中的杏仁体和所有爬行动物一样，当遭遇威胁时就会激起"非战即逃"的心理反应。当我们决定改变却没有办法做到完美时，杏仁体区域会察觉到这种威胁，于是提醒我们，以便帮助开启"非战即逃"模式。所以，人们认为严于律己有作用，然而奈福的研究表明，本能反应实际上在与自己对抗。相反，为了产生期待中的改变，大脑的另一个附加系统——大脑中舒缓和同情的倾向最好也参与其中。奈福发现，当我们对自己充满同情时会产生催产素，我们更容易从失败中恢复，并继续期待中的变化。

你会犯错，我也会。我一直用这句箴言"我的反应是我的责任"来提醒自己，我要对自己的反应负责而不是去责备相关的事情或其他人。因此，在拥堵的车流中我更加冷静，对丈夫也充满耐心。我们就这样享受了三个月的美好与宁静。然后，有一天我突然对丈夫说的话彻底失控。我忘记要关注反应，丈夫的愤怒升级，紧张气氛持续了 12 小时。情绪平复后，我向他道歉，我必须因为失控和忘记使用箴言而原谅自己，再慢慢变好。

你我都一样，时不时会把事情搞砸。但只要你对待自己像对待一个正学习走路的婴儿那样，鼓励自己并继续前行，新的行为习惯更容易养成。犯过多少次错误并不重要。你越多使用这些箴言，越会在大脑中留下印记，也越容易实现改变。

主动改变的能力是人类最伟大的天赋。我由衷希望，无论你想改变哪方面，这些箴言都有所帮助——就像给我的那些客户带来转变一样，也能为你带来转变，让你变成期待中的幸福、有力、充满爱心且成功的引领者。"有志者，事竟成。"让我们行动起来！

目　录

接 纳

- 人们总是做经常做的事
- 这位是我的老师——把问题人物当成老师
- 你已经找到归属

人们总是做经常

做的事

当发现身边人和你一样生活一塌糊涂时，你是否会觉得惊讶、沮丧或愤怒？我常常接触团队领导者，他们感觉沮丧，并且为他们的领导及同事的行为感到震惊。每次都是一种侮辱。至少从理论上来说，改变他人费力不讨好，也几乎难以实现，所以何必庸人自扰。多年前为了劝解朋友，我造出这个短句。这位朋友一直苦苦期待他人改变。但我问他，为何不期待其他的事情？人们总是做经常做的事。是的，母亲会批评你的一切；是的，同事每天早上都脾气乖戾；是的，孩子总将垃圾忘在车内。人们通常本性难移，尽管被期待有所改变。当他们做事时，主要源于内心深处的渴望，而不是你的期待。如果他人为我们而改变，那也多是昙花一现。没必要去改变他人。相反，当认识到人们总是做经常做的事时，我们就不必在他们一如既往时那么失望、沮丧、愤怒或烦恼。这让我们接纳，而且内心平静。

这位是我的老师——
把问题人物当成老师

　　这是源于佛教的练习。它是关于当看到众人的恼怒、沮丧、愤怒或其他困扰时，他人赋予你机会成长——你的平静、你的善意、你的耐心、你的境界，你的宽容……到底学到了什么，一切取决于你自己。这是一种方式，不去关注他人的行为如何使你困扰，而是关注自身对外界的反应，关注自己从对方身上能学到什么。我的一位客户，一名勇往直前的年轻领导者，把这点用在一份让人忍无可忍的直接汇报上。起初他很冲动，看到报告就想抱怨。但我建议他把这位问题人物看成自己的老师，他接受了建议并用心体会："我想他是来提醒我如何在管理上更耐心、更精确的。因为每当我觉得自己已经表述清楚时，他总是让我再讲清楚一些。"这种视角让他明白员工更需要什么，后来他们的关系也更加融洽。这位领导者发现这句话是如此有用，以至于他每每遇到问题就会用这句话来指导。事实证明，这种方法让他事半功倍。

你已经找到归属

　　罗伯特陷入窘境。因为搬家去另一座城市，他丢掉了之前的工作。为还贷款，他急需找一份新工作，于是慌不择路。后来他告诉我："那时，连以前从不考虑的工作我都投过简历。"最后，他被一家自己不太满意的公司录用了。"但事实证明，那是我做过的最好决定。它给我稳定感，我在那里工作了 10 年，它也给了我机遇，我可以在家工作，同时兼顾孩子的成长。我明白'我已经找到归属'。我用这句箴言帮助自己优雅地应对各种状况。例如，我妻子常年上晚班，我每晚与孩子的作息时间一致，包括给他们做饭。再如，我无数次开车往返一个半小时，去岳母家中帮她修理遥控器。这些时刻，这句箴言帮我保持平静。有趣的是，因为孩子们已经长大，工作情况也发生了变化，原来的工作已不再是我的归属。因此，我正在寻找一份新工作。"

愤 怒

- 💧 愤怒是沸腾的恐惧
- 💧 停下来，深呼吸，倒回去
- 💧 愤怒是错误的信息传达

愤怒是沸腾的恐惧

　　和我那些身居要职的客户一样，发怒是我年轻时面临的一大问题。我只会在家里发脾气，从未在工作中发过火。我会全力以赴做到尽善尽美，强忍不言，可总有事情会使我火冒三丈，进而一发不可收拾。我会冲我的另一半发火。之前有一天，我跟我丈夫发脾气，可他并没有因此生气或出走，他问我："你在害怕什么？"就在那一刻我明白了，其实愤怒之下往往是我们的恐惧。害怕自己的需求不被满足，害怕遭遇失败，害怕诸如此类的一系列事情。这就是为何我在凯特琳·莫兰的小说《如何成为一个女孩》中读到这句话时有着如此强烈的共鸣。自此之后，我的客户都会在发怒时用这句话警醒自己，在他们的愤怒之下实际上是某种恐惧。如果我们能够明白这个道理，甚至能将我们的恐惧而非愤怒表达出来，那么情况就会有所改善。最起码你能够清楚你正设法去满足的需求究竟是什么。举个例子，一个高级主管常常在开会时发怒，每当此时她就会利用这种方法来重新安排所面对的问题，可以告诉她的同事，他们的团队如果不同心协力、共同进退的话，她是多么害怕遭遇失败。与此前的敌意相比，这些同事更接受她脆弱的一面。这么一来，团队变得有活力了。

停下来，深呼吸，
倒回去

　　杰西卡是我其中一个有着发怒问题的客户。由于她爆发得太频繁了，她的同事都威胁说她的事业就要完蛋了。我告诉她，实际上发怒是"非战即逃"机制中的战斗反应，这往往是因为我们大脑"威胁"系统的中心杏仁体感知到可能发生的危险并操控了大脑中更理性的部分前额皮质。愤怒管理的窍门在于，意识到自己被控制，并且忍住不发作。不过，说比做容易，因为你大脑的杏仁体区域正叫嚣着让你奋起反抗。我告诉杰西卡，当她感到身体发热或紧绷时，那就是她被愤怒控制时的信号，而她要认清这些信号。一旦有所察觉，她就应该想象面前有一个亮起红灯的停止标识牌，然后想着"停下来，深呼吸，倒回去"，慢慢地深呼吸，尽可能放松身体。"停下来，深呼吸"往往可以使她的大脑杏仁体区域放松下来，减少威胁感，从而让前额叶皮质重新上线，恢复理智。"倒回去"就是回到你开始感到受威胁时的情形，这样你可以更有逻辑地做出反应。对于杰西卡来说，这种方法很管用。自此以后，我也是用这种方法来处理其他客户的愤怒问题。

愤怒是错误的
信息传达

在我看来，愤怒分为两种。一种是正义的愤怒：当你看到不公正、不正义的事情时，你就有股想要挺身而出、打抱不平的冲动。另一种则是恐惧的愤怒，来自杏仁体的威胁感，这起初是为了提醒你当前存在的物理危险。假如危险是真实的，例如，你在大街上受到袭击，那么这也属于健康的愤怒。但因为威胁机制源于我们大脑中古老的一部分，所以并不是非常复杂，我曾读过的专著中提到，大脑的这部分在人类两岁时就发育完全。杏仁体区域往往能够感知威胁并切断通往理性思考的道路，即使并不存在真正的物理危险，而只是源自他人的负面威胁。很多时候这对我们十分不利，因为当处理人际问题时，我们并不想按幼时的本能做出反应。这种方法能够帮助你意识到让你生气的很可能只是一种错误的威胁。换言之，你并不是真的处于紧迫的物理危险之中，那只不过是杏仁体区域一种错误的信息传达。这并不意味着你不必去处理正在威胁你的东西，而是说当你反复告诉自己"愤怒是错误的信息传达"时，你就会意识到面前的威胁并非生死大事，如此一来，你便会冷静下来，并在深思熟虑后做出回应。这种方法帮助许多客户避免了幼稚的情绪爆发，同样也适用于你。

真 实

- 你就是别人所见的你
- 走自己的路

你就是别人所见的你

　　我曾经与艾丽斯共事。作为 个领导者，她需要变得更真实。在与人交流中，她总让人觉得虚伪，因此同事不信任她。看过那部讲述女性被机器人取代的电影《超完美娇妻》后，有好些人把艾丽斯叫作"超完美老板"。在同事中得到这种反馈，这引起了艾丽斯的警觉。她不明白为何别人会这样看待她。她总是全力以赴，将工作做得尽善尽美，因此也给人留下了刻板的印象。起初，她很想责怪那些给她这种反馈的同事，但因为许多人都这么想，于是她勇敢地接受了别人对她的看法。而我则帮助她弄明白如何改变别人对她的印象，变得更真实。在这个过程中，我想起了我的一个朋友比阿特丽斯·斯通波克斯。比阿特丽斯是一名营销策略师，她曾说过"你就是别人所见的你"。我给艾丽斯提了建议，让她每次见到他人时都在内心重复这句话，提醒自己究竟想给别人留下怎样的印象。她发现这句话相当受用，你用自己想要的方式出现，那么别人看见的就是你想要表现的那个你。随着艾丽斯越发自如地表露自己的真实情绪，包括对未知事物表现得诚实、坦然，别人逐渐看到了真实的她，而这对她与同事之间的人际关系发挥着积极影响。这种方法能够帮你确定一点：你实际上是在投射你希望别人看见的那个你，因为归根结底，那就是你。

走自己的路

索菲亚曾经陷入困境。她确实对某个行业充满了热情，而且还想到一个很好的创业点子。她有足够的自由去追求自己的理想，而在得到了一笔意料之外的遗产后，她也有了创业资本。那么问题出在哪里呢？她害怕的是，假如结果不尽如人意，那么"他们"会怎么说。你是否也遭遇过类似情境？过度担忧别人会如何看待你或评论你，以至于自己动弹不得，无法付诸行动。那么这些左右我们人生的神秘的"他们"究竟是谁呢？每当帮助那些和索菲亚情况相似的人们处理问题时，我都会首先问他们这个问题。有时候，他们能够指出他们在意的某个人或某个群体，但往往这种恐惧源于一种无形的感觉，觉得别人正在注视着我们的行动，并对此做出评价。我的直觉认为，这种担忧来自我们大脑中幼年即发育形成的杏仁体区域，为了我们的安全，它阻止我们在人群中表现亮眼。遗憾的是，这种本能往往也阻止了我们冒险尝试，使我们无法获得最大的满足感与成就感。当我向索菲亚解释这个问题时，她认同了这一看法："我需要走自己的路。"我们都认为，在她过分纠结于"他们"对她的看法时，她可以重复这句话，鼓励自己。后来，她坚持走自己的路，创业卓有成效，目前她的公司里已有十名员工。

责 难

- ♦ 先纠正，再预防
- ♦ 指责是受害者的标识
- ♦ 我的反应是我的责任

先纠正，再预防

　　露西的案例在我的客户中非常典型。她是一个项目经理人，目前她的团队正赶着在非常紧迫的短时间内开发一个相当复杂的产品。当问题出现时，她总会把整个团队召集起来，表面上是为了解决问题，可她很快就会进入责难模式，试图找出究竟是谁的错。她的队员则会变得紧张起来，互相推诿责任来转移她的怒火。这浪费了大量时间。她需要做的应该是解决燃眉之急，之后再倒回去，看看如何预防这样的问题再次发生。这是我之前从事图书出版时学到的一个教训。危机出现了，就去解决它。不要浪费时间去分析个中缘由，或者追究谁对谁错。之后用同样的方法解决问题，避免重蹈覆辙。如果你想同时做两件事，那么哪件事都做不好。我的另一个客户是这么说的："先纠正，后预防。"对，就是这样！后来我把这种方法告诉了露西。考虑到她的工作性质，出错是常有的事，自此之后，每当工作出现差错时，她就用这种方法来处理。这样一来，她的团队很快就解了燃眉之急，并且预防类似问题再次发生。

指责是受害者的标识

我喜欢约瑟夫·布罗茨基的这句话，这句话也曾为我的一个客户敲响了警钟。杰夫总认为自己不会犯错，不论发生何事，他都不会受到指责。当然，这就意味着他很善于在出现问题时将责任推卸给其他人。他的标准回应就是："这不关我的事，因为这并不是我负责的。"他的这种行为本身就是一个问题，因为他在一个大型的组织中工作，这就要求人人都分担责任。最初，他并没有意识到自己就是问题所在。事实上，每每发生类似的情况，他都认为自己是获胜的一方。有一天，我问他是否听过布罗茨基的这句话。他说自己讨厌任何表现得像个受害者的人，他最不想成为那样的人。我反驳道，其实那正是他给其他人留下的印象。他后来决定用这句话来改变他的习惯，事实证明这句话卓有成效。尽管有时他依然会指责他人、逃避责任，但他已经能更清楚地意识到自己的所作所为是不对的，并会为此道歉，然后明确责任分工，继续前进。

我的反应是我的责任

如果你也像我一样，在生气、恼怒或沮丧时认为这都是别人的错，如果你会这样想——"就是你让我生气""让我沮丧是你的错""当初若不是你……我就不会……"，那么这句话就是为你准备的。尽管接受了多年的治疗和沟通训练，我依然花了几十年才真正明白"我的反应是我的责任"这句话。这并不意味着别人没做过任何让我不快的事情，只有我自己对自身的反应负责。相反，如果我被激怒，我需要自己去调整自身反应，直到足够冷静地判断这件事情是否需要和他人一同解决。这是因为只有当我冷静下来时，我才能以一种不伤害自身、他人或我们关系的方式去讨论问题，否则"非战即逃"模式中的战斗反应会控制我的大脑，这样的话，我很有可能说出一些刻薄伤人的话来。这句话确确实实改变了我的生活。自从用了这种方法，我的情绪变得越来越稳定，我也越来越少责怪别人了，这对我 23 年的婚姻生活产生了奇效！如果你发现自己在工作中或在家里喜欢责备他人，那么不妨试试这种方法。你的反应是你的责任，而如何尽可能熟练地做出反应取决于你自己。

界 限

- 这是谁的事
- 现在回归自我
- 如果无法拒绝，你就无法答应

这是谁的事

你是否常常觉得自己要对别人的行为负责？在工作中或在家里，你是否试图去控制别人的行为？你是否试图通过帮助别人做事来拯救他们，让他们看起来更负责任、更平易近人，更加通情达理？有些客户总喜欢把他们那些棘手的、效率低下的同事、客户或家庭成员的缺点揽到自己身上，然后尽力地去帮他们掩盖、预防或解决他们自己的问题。尽管这在我的女性客户中更为常见，但男性客户也有这么做的。如果这种行为听起来很熟悉，你可能在界限问题上遇到麻烦了。在这种情况下，我会引用精神导师拜伦·凯蒂的话引导客户。她说世上有三种事：上帝的事（洪水、地震及其他自然活动）、你的事（你及你对生活做出的反应），还有别人的事（别人要处理及做出反应的事）。我女儿在青春期时对于自己在世界上的定位感到苦恼，这时我便用这种方法来处理。我提醒自己：我能够支持她，能够给予她深切的关爱，但她的事应该由她自己来解决。我建议我的客户也用这种方法来处理他们的同事、客户或家庭或成员的问题。对于任何一段你干涉过度的关系，这种方法都是很管用的。

现在回归自我

　　我曾负责的三位女性客户来自同一个领导小组，她们都太感性了，容易陷入别人的情绪。她们三人是一个小的管理团队，彼此亲近，但这种亲密关系对于她们来说实际上是不利的。每当三人中有一人生活中有事发生，其余两人也会受到波及，为当事人操心而浪费一部分工作时间。当其中一人沮丧时，另外两人就会马上去安慰她、帮助她，很快其余两人也会因当事人所沮丧的事情而感到沮丧。如果你也在与同事、朋友、孩子或其他人的交往中有过类似情况，你就会明白这是怎样的一种感受了。突然间你就被别人的情绪和担忧所淹没，然后无法看清当前的情形，也不清楚自己的所要所想。因为你活在别人的情绪里，你的生活变得并不真正属于你。根据威斯康星大学麦迪逊分院心理学教授理查德·戴维森的研究，这种情况是由过度活跃的社会直觉与缓慢的还原能力共同导致的。"现在回归自我"这句话能够帮助你进行调节，让你可以去照顾你所关心的人，同时及时回归自我，你就是你，能够遵循自己的内心，体验属于自己的生活。在你重复这句话时，试着把你的双手放在胸口上，这能帮你更好地回归自我。

如果无法拒绝，
你就无法答应

　　我曾经与一个非营利组织的执行董事携手工作。作为训练的一部分，我要求这位客户在面谈后试着实践我们讨论过的新行为。可惜我发现在几次面谈后，她就跳过了这一步。每次我们见面时，她都答应去做，可是当我们再次见面时，她都没有付诸行动。我意识到我得温和地跟她提出这个问题。我跟她说了以后，她恍然大悟："这就是为什么人们对我这个做领导的感到心烦！我对所有人都这样，我总是为了取悦他们而答应他们提出的要求，可是之后我并没有去跟进、履行，因为我实在是有太多事情要做了！"听起来是否似曾经相识？你是否也是一个不会说"不"的人？这个问题源于你内心想要让别人快乐并且避免冲突的欲望，而这导致的冲突与不满往往比你从一开始就拒绝别人产生的要多。现实就是这样：如果你无法拒绝，那你就无法真正答应。那是因为，即使你答应自己无法跟进、履行的事情，也并不是真的在帮助他人，你不过是在抚慰他人罢了，最终只会导致他们产生坏情绪。记住这句话则能帮你扭转局势，我的客户就是一个很好的案例。这种方法使她记住了答应与拒绝是你能自己做出决定的两个选择。她发现随着自己渐

渐学会拒绝，她答应别人请求时更加全心全意。她的跟
进工作得到了惊人改善，而她的团队也越来越尊重她的
决定。

改　变

- ♦ 在过去之上建造通往未来之桥
- ♦ 与现实停战

在过去之上建造
通往未来之桥

很多人在面临事业岔路口时都会来找我寻求帮助。他们都陷入了"老一套"——希望能够得到支持，从中突破，摆脱陈规。我给他们简要地介绍了我的朋友道娜·马尔科娃博士在其书《我不会从未活着而死去》中概述的一个过程。这是对你的优势、爱好、价值及能激发你潜能的环境所进行的一场测试。只要经历了这个过程，他们一般能够更加清楚自己想要做的事情。问题就在于，由此及彼的这个过程就如同站在大峡谷的一头，思索着该如何跨越峡谷到达另一头。人们很容易因此不知所措，停滞不前。这时，我就会给予人们这条忠告，那就是发挥已有优势去创造新的优势。我就是用这种方法开启了我现在的事业的。我利用过往从事图书出版的工作经历将自己打造成一个执行教练。谁是我的首批客户呢？我以前认识的出版商和作家。同样，我的一个客户也是用这种方法，从承包商转型为计算机网络维护员，给人们提供网线安装及软件安装等专门服务。也就是说，你所做过的事情没有一件是白费的，都是构成你未来的点点滴滴。你要提醒自己这点，这将有助于你弄清如何从现在到达未来。

与现实停战

　　这句话出自泰国佛教禅师阿姜·查之口，主要是帮助我们去接受正在发生的变化而不是去抵触它。抱怨、否认、哀叹或尝试逃避等对现实的种种形式的对抗既耗费我们的大量精力，也浪费我们的时间，这些对抗行为的代价对于工作繁忙的主管和企业家来说是无法承担的。组织理论家表示，当下我们生活在一个不稳定、不确定、混乱、模糊不清的世界里，而这很大程度上是全球化导致的。他们认为，要在这样一个世界里获得成功，我们每个人都需要培养一种关键能力，那就是随机应变，能在世界发生改变时快速调整适应。那些能够快速适应的人们比那些仍哀叹过去所失的人们更有优势。接受现实这种方法很管用。我有一个担任首席执行官的客户，他就是用这种方法来应对其所遭遇的"晴天霹雳"的。他听到传言，董事会想让他退位。要是以往，他会浪费大量的时间和精力在自责、指责和争权夺利上。但他现在并没有这么做，而是用"与现实停战"这句话在24小时内进行了自我重整，然后向董事会展示了有序退出的方案，这使得他能够体面地全身而退，组织也可进行和平、有序的权力交接。正如这个首席执行官所表现的，与现实停战可以帮助我们更为有效地应对现实。

合 作

格局更大

这个概念来自商业大师川崎，是对合作这门艺术的一个精妙比喻。很多人认为，合作就是同意他人、取得共识，可实际上，合作是大家一起努力提出前所未有的解决方案，从而提升成效、人人得益的过程。这个过程需要人们在沟通时能够开诚布公、开放包容，同时，要把重点放在富有创造性的新方案上。那些善于合作的人们一般擅长提出问题，倾听别人的观点，并将这些观点纳入考虑范围之内。可惜这些事汤姆一件都办不到。不管在何种情况下，他都认为自己是对的，并且固执地坚持自己的看法。当感到自己无法获胜时，他就会转而回到互相让步、折中妥协的状态。然而，他的新角色要求他真正与他人合作，开发创意产品，否则公司就会面临倒闭。可是，折中妥协使得公司赶时生产，导致最终产品质量不尽如人意。后来，他听从了我的建议，用这句话来帮自己专注于目标，不是仅仅为了能够快速执行而提出差强人意的方案，而是去寻求那些能够使所有人振奋并且能在规定时间内完成的好方案。每当他的团队陷入困境时，他都会问："我们怎样才能做得更好，格局更大？"最终，他的团队开发出一款全新的前所未见的产品，在行业竞争中一马当先，大获全胜。

不要成为"弗莱德"

我有一个客户，她非常不开心，她向我抱怨她的同事弗莱德。因为新举措，她在接下来的一年里都要和弗莱德共事。她说："弗莱德从不听别人说话；他认为自己总是对的；他总是强迫人们执行他的方案，从不考虑我们的方案也许会更好。"我想正是这些问题使得我的客户来向我求助，而我们花了几个月的时间来处理这些棘手的问题，可惜成效不大。理论上，她明白自己的行为会带来消极影响，可她并没有很大的动力去做出改变。"所以你不喜欢弗莱德的所作所为？"我问。她回答："一点都不喜欢。"突然间她恍然大悟："噢，他现在的做事方式正是我偶尔的做事方式。现在我明白了人们一直以来在抱怨什么了，这真让人讨厌。"当她醒悟过来原来弗莱德是她的一面镜子时，我就建议她用这句话来提醒自己不要怎样行事。这种方法就如魔法般有效。如果你发现自己所处的情形要求你尽可能高效行事，那么我建议你使用这种方法，不过使用时，可以将名字换成那个你无比讨厌的人。即使你觉得自己跟那个人毫不相像，你依然可以将他当作一个反例，激励自己全力以赴，做到最好。

做一个肯定者

　　茱莉亚是一个善于思考的人。她来向我求助是因为她说没有人想和她共事。随着更加深入的调查，我明白了问题的症结所在。她总能看到一个计划或想法背后隐藏的瑕疵和缺陷。"这是行不通的，因为……"成了她的口头禅。在她给我讲述她是如何回应其同事提出的一项方案时，她告诉我她经常这么跟别人说："难道其他人没有发现这里有问题吗？"我帮助她明白，只有学会修饰并委婉地表达，她的意见才会起作用。她提出的反对意见真实而重要，可人们只是把她看成一个否定者，对她避而远之或视而不见。她很快就意识到这是个问题，却不知道该如何换个说法来表达她的意见。我跟她建议："首先你得是一个肯定者。想想在他们的想法里有哪些是你欣赏或赞同的，然后再询问是否需要你来帮助他们分析想法，让想法更为有效。仅仅提出错误的地方是她的一个根深蒂固的老习惯，但随着她反复告诉自己在会议中要成为一个肯定者，她逐渐找到了在别人想法的基础上提出改进和强化的方式，而不再一味地否定、扼杀别人的想法。很快，她的团队不再对她不屑一顾，而会征询她的意见，让她指出方案中的缺陷，并提出改善不足的建议。她也学会在肯定和否定之间掌握合适的平衡点，使得她的能力在团队合作中发挥作用。

接受并前进

　　这个概念源自即兴戏剧表演。在进行表演时，你要做的就是对你面临的一切情况做出反应，不仅仅是融入其中，还要将其带到一个新的高度，然后再将它抛给下一个人，而这个人会去进一步发展这个概念。这项实践对于培养你的创造力、自发性、倾听能力及合作能力是极好的。实际上，许多即兴剧场为企业提供工作坊也正是因为这个原因。我把这句话推荐给了我的客户乔治，他来向我求助是因为他的利益相关者说其有"合作困难症"。我观察他与别人交流，很显然，他不知道如何在别人的想法上提出进一步的建议。他有自己的想法和主张，但如果别人不喜欢他的这些想法，他就会离开。我跟他解释，其实合作是一门共创的艺术，而非一场非赢即输的战争。我了解到乔治喜欢棒球，所以我告诉他，这就像用手套接球，然后将球转移到另一只手上，接着把它向前扔出去。通过在脑海里形成这么一幅画面，再加上口号和一个象征着抓球的微小手势，他逐渐学会了肯定别人的想法，并在此之上添砖加瓦。记住这句话能够提升你与他人合作共创的能力。

意外是信任的敌人

里克的主管跟我说，里克需要学会与人更加有效地合作。里克和他的项目合伙人并没有足够的交流，这使得他们无法在共同领域很好地开展合作。里克也并非有意隐瞒信息，他原来在一家小公司工作，习惯了单打独斗，自己干自己的活儿，他并不认为有必要向人解释自己在做什么。而现在他刚入职这家大公司，尤其在这种大型的组织中，很多决策都是从各个利益相关者那里得到对你想法的认同后做出的，因此，独行侠模式几乎不管用。别人会怀疑你是在试图欺骗他们或在和他们竞争。里克很愿意学习如何分享信息，只是他总忘记要向其他人表达自己的想法。在领导小组会议上，里克总是有备而来，他的想法充分、完善，可人们总是不断否定他的想法，因为这和他们现在所做的不一致。于是我就给他介绍了这句话，帮助他厘清在会前他究竟需要和谁一起审视自己提出的想法，从而保证与其他人步调一致，有所贡献。他后来向我汇报："让人们提前了解你的想法真的很有用，简直不可思议。他们不会再对我的想法感到意外和惊讶，而且在那些在这里工作更久、资历更深的人的指引下，我的想法得到了很大改善。"要是你想学如何沟通合作的话，试着记住这句话！

沟 通

- 听、说应各半
- 问，不要说
- 开门见山
- 温和会引起共鸣

听、说应各半

我不会把这称为特例，但我确实经常跟能言善辩的人共事，他们往往滔滔不绝，却不善于倾听。他们约人面谈，整个过程中一直侃侃而谈，见面结束后留下一句"这次面谈不错"，然后就转身离开，根本没有给对方开口说话的机会。对于他们身边那些压根儿无从插话的人来说，这确实让人无比心烦。然而，这种话痨行为并非他们有意为之。实际上，当看到自己在一次见面中讲那么多话时，他们都惊呆了。（是的，我会给他们计时来作为证据。）

卡罗尔就是这样一个人。当我给她展示她的听、说比例时，她为此感到尴尬，并承诺会做出改变。她将写有这句话的红色便笺条贴在她的电话上，以此来提醒自己，每次说完了一点后，都要停下来去倾听，而且说话的时候应该逐句逐句地说，而不要大段大段地说。她承认倾听是很难的，她要压抑自己想中途插话、给予回应的冲动。不过这种方法使她的倾听能力有了显著提升。如果你认为你也需要类似的帮助，那么你可以试试在说话和倾听时给自己计时，算算听、说占比。如果比例失衡，那么你可以用这种方法来管住自己的嘴巴。你会发现你在倾听时所收获的东西要比说话时收获的多得多。

问，不要说

用詹妮自己的话说，她是一个很"直接"的人。换句话说，她对每个人，无论是下属、同事，还是比她级别高的人总是直言不讳、指手画脚。人们背后都叫她"小将军"，当她走进房间时，每个人都想逃走。我试着帮她明白，她那种指挥控制式的领导风格只是一种领导策略，应该少用，最好只在紧急情况下使用，因为它会使自己的权力和威信受到影响。我解释说："房子着火时，命令身边的人很有必要，但在其他方面，你需要学习一些别的交流方式，如通过鼓舞、憧憬、教导、强调他人的感受等。"我们开始用些其他的领导策略，也确实使她有所改善，但都不太显著。她心理上还是只愿意做一个指挥者，而且她指挥身边人的习惯已根深蒂固。所以，有一天我说："你知道以前军队里'不要问，不要说'的政策吗？现在，对你有一个新政策'问，不要说'。当你想要别人做什么事时，问他'你愿意带头做这件事吗'而不是说'你必须这样做'。""好。"她答应。这个小小的策略让她受益良多，这些都是我们以前不可能看到的。一天她跟我说："每次当我要开口时，我就对自己说'问，不要说'，现在我与下属、同事和家人都相处得很愉快。"

开门见山

"很多人跟我反映我有'交流问题',我应该学习如何更快地抓住关键点。"鲍勃在我们刚开始一起工作时就这么说。于是我反问:"要是我告诉你我不认为你有任何问题呢?"这引起了他的注意,我解释道,从他处理信息的方式来看,他喜欢通过类比和讲故事来沟通交流,那些思维方式与他不同的人很可能无法听懂他的故事,这也是为什么他们会觉得沮丧。我建议他把自己说话的方式设想成报纸上的故事,所有的故事都有一个标题,如果一开始他就开门见山地说出标题,那听者就知道关键点,并能从头到尾去整体地理解故事。我让他按照"开门见山"这句话来改变思维习惯,这使他在说话前不得不先想清楚主旨。事先点明主旨不仅能帮助听者理解,而且能避免他跑题。从那之后,我把这种方法用在我其他客户身上,因为不管你是否有明显的交流问题,说话前点明主旨都能帮听者理解你说话的用意,这能让对话更加清楚,从而取得良好的进展。

温和会引起共鸣

　　一名股东跟我反映我的一个高管客户在说话前根本不考虑听众，所以她经常失言，无意地疏离和羞辱别人。他说："她需要注意她说话的对象，需要保持温和来引起听者的共鸣。"我把这个反馈给了我的客户，她用这句话来提醒自己在说话前想想她说话的对象是谁，这提高了她交流的整体效率。我也把这条建议给了一些处在领导位置但没有意识到自己所处位置权力的客户——由于所处的位置，他们说话的内容和方式都会影响整个团队或部门。通常个人魅力、充沛的活力和强有力的作风这些使人成功的因素也可能使人过于强悍和吓人，导致其他人不敢反对和说一些不好的东西，或者说不能诚实地交流。因为这些领导者在本质上就是强有力的、有活力的，这些特征也很好地帮助了他们成功升到顶层，所以他们很难理解这些特征可能对别人有一些负面影响，学会温和地对待团队或个人是情商高的一种表现，能让一个好领导成为一个伟大的领导，而"温和会引起共鸣"这句话则能提醒你这样去做。

冲　突

- 不要按不必要的按钮
- 善意推测
- 换位思考
- 最好的辩解是不辩解
- 记住你的最终目标
- 出发点并不等于效果

不要按不必要的按钮

我 16 岁的女儿有天跟我说了这句话，她想提醒我不需要就做作业这件事来给她说教。她确实说得很对，我说话只会让她心烦从而对我希望她做的事产生反感，从那之后我也把这条建议给了像马特这样的客户，他们总是喜欢发表一些冗长的说辞，反而使人失去动力，而且完全没有必要。我曾经在会上见过马特就"大众行为的问题"笼统地大谈特谈长达十分钟，总是在一遍遍地重复一样的观点。听的人也只是低头坐在那里，等着他的长篇大论结束。我把这称为"狼与羊的动态关系"，狼发出咆哮，露出牙齿，羊瑟瑟发抖，只求如果它们保持不动就不会被吃掉。而这其实什么目的也达不到，只会疏离其他人和影响团队团结。在我跟马特谈到这个问题时，他是真的相信这些演说能改善团队的表现。我帮助他明白了，他的演说只不过是在不必要地按大家的按钮。他开始改变这个说教倾向的习惯，先思考"我到底想让他们做什么"，再简单地提出建议或要求，而不是通过说教去鞭策他们。

善意推测

　　我们是不是很容易对某人感到生气或失望，然后下结论认为他是一个险恶的人，只想来挑战或伤害你？当一个人做出一些你不喜欢的表现时，只有人类才会去推测其中的目的和动机。我们在这里说"只有人类"，是因为人类大脑的结构让我们可以接收信息，并根据这些信息和以往的经验得出结论，进而根据这些假定来做出反应，整个过程很大程度上是无意识的。专家是这样描述的：我们依据过去来过滤现在的信息进而预测未来。遗憾的是，依据过往的结论反而妨碍了我们创造和维持良好的工作和家庭关系——因为很多时候它们都是错的。确实，别人可能表现得不友好、不体谅、不在意或卑鄙，但很少有人故意这样做，大部分人都太在意自己了，以至于不会故意惹怒你，但是，由于你的大脑根据过往经验产生的信息过滤器，很容易让你相信他们是故意的。然而，我们可以试着把相反的推测设为默认值。很多接受了我这句话的人只需要善意推测对方的用意就改善了所有的人际关系。即便有的人确实带着不好的目的——据我的经验这种情况很少见，但我们越是善意地推测对方，双方的交往会进展得越好。

换位思考

　　你常常发现自己与别人有很多冲突吗？在一些情况下，你确定自己是对的，对方是错的，你这样说时没有一点问题吗？每当我与这些人一起工作时，我注意到他们最后都陷入一种"乒乓球式"的争论中，双方来回抛出"我是对的／不，我是对的"这样的话，显然没有任何结论，只会陷入僵局，除非其中一个人权力更大——"我是老板，所以要按我的方式做"，这样可能结束"拔河比赛"，但很难获得真正的赞同或好感。在这种情况下，我总是建议我的客户要学会换位思考。我无意中发现了社会心理学家阿纳托尔·拉波波特提出的一种实现成功的批判性评论的方法，这种方法也能很好地解决冲突。拉波波特认为，首先你应该重述对方的观点，让对方感到自己的观点被真正理解了，然后列出所有你同意的观点，以及你从中学到的一些东西，在这之后你再提出自己的看法。那些使用这种方法来提醒自己的人惊奇地发现，这样做缓和了以往的冲突僵局，提供了更多合作的可能。

最好的辩解是不辩解

　　我的一个客户说过他只会为他认为值得道歉的事道歉，但问题是他很少认为自己的做法实际上是应该道歉的。当我访谈他的同事时，我很惊讶地发现，在一些情况下，其他人并不是因为他说的话生气，而是因为他从不承认自己做错了。实际上他需要做的仅仅是为对别人造成伤害或失望而道歉，但他非常固执，所以双方就变得更糟了。我花了很长时间让他最终明白最好的辩解其实是不辩解，我告诉他，如果别人说你伤害了他或对他做了错事，不用自我辩护，只需要道歉"对不起，我伤害了你"，因为如果别人感觉受到了伤害，那是他的现实情况，对别人的现实情况进行争论是没有意义的。因为你争辩得越多，在对方看来伤害就越多。如果你不自我辩护，你反而不会陷入"你做了 / 不，我没有"这样的僵局。我的客户同意试着这样做，用"最好的辩解是不辩解"这句话提醒自己。他惊讶地发现，他和同事之间的冲突少了很多，同事也更愿意与他合作。如果你也需要更少的自我辩解，你也可以试试这句话。

记住你的最终目标

　　我有两个朋友一起做生意，在几年友好的伙伴关系之后，他们之间产生了很多分歧，要求我安排一次谈话从中调解。刚开始，我问他们这次谈话的最终目标是什么？他们俩都说是要"为他们的事业好并且保持他们的友谊"，我把这个目标写在一个挂图上，让他们都可以看见，然后我们开始了谈话。当谈话升温，其中一个人因为对方的话而生气时，我就指指挂图提醒他们自己的最终目标。这帮助他们记住双方的目标是一致的，都是为他们的事业好，只是对方式见解不同。在那天之后，我跟他们断断续续合作了一年，他们用这句话提醒自己在困难的时刻双方真正关心的是什么，最终他们决定停止合作关系，其中一个人买下了另一个人的所有权，但因为他们都记得他们的最终目标，所以他们采取了一种相互尊重的方式，并且维持了双方的友谊。在任何遇到困难的时刻，只要你清楚自己的最终目标，它就能帮助你唤醒最好的自己来实现这个目标，也许并不是每次都能实现，或者并不完美，但这样做比不这样做的机遇远远更多。

出发点并不等于效果

　　我经常把这句话送给客户——那些从不顾及自己所说的话对听众造成影响的人。他们总认为自己直率或诚实，确实是对的，但问题是，不考虑所说的话造成的影响也会导致很多不必要的冲突。这句话帮助他们记住，尽管他们说话的出发点可能是好的，但对其他人并不能产生他们所期望的效果，这帮助他们既考虑自己说话的出发点，也考虑产生的效果。我的客户也发现这句话很有效，当与别人的交流破裂时，道歉就很有必要，因为当你想对你的话产生的效果表达遗憾和解释你的真正意图时，道歉是最有效的。这句话最棒的地方是它同样适用于相反的情形，当你作为听众觉得对方说的话伤人时，将对方的出发点和效果分开能帮你超越自己的情绪去发现对方真正的意图。当你发现对方的意图是好的——他只不过是想改善我们的流程，尽管这贬低了你过去一个月所做的努力，但能帮助你们尽可能积极地继续合作。

决　策

- 相信你的第六感
- 思考不只非此即彼

相信你的第六感

我的一个客户正在处理工作上的一件事情，他刚刚意识到自己雇用了一个错的员工，目前正处于一个痛苦并且高代价的解雇过程中。他说："她的简历看起来非常棒，在面试过程中其他人也很喜欢她，我隐隐觉得有什么不对劲，但我又没办法说清楚，所以我就没深究。"这已经不是我第一次听他说忽视自己的第六感了，似乎他的第六感很好，但是他自己不相信。我告诉他我以前看到过的一个研究，研究的被试者经过脑部手术后，只能使用逻辑的、线性的左脑思考。研究人员本以为被试者比其他人更容易做出决策，因为他们只需要比较所有的赞成因素和反对因素，然后逻辑地、数据性地做出决策，但很快实验发现，实际结果完全相反，被试者根本无法组织自己的思维，没有了第六感，他们很容易迷失在各种赞同和反对因素中。我们的第六感通过感觉表达，而不是语言，但这并不意味着它们没有用。

"不要仅仅依据事实来做决定，相信你的第六感，你相信自己手机中的导航系统，对吗？"我问那个客户，"那么，第六感就是你内心的导航系统。"他开始采用这种方法改变思维习惯，不再忽略自己的第六感。相信并且实践自己的第六感让他感到更自在，而且很快他就看到了更好的结果。

思考不只非此即彼

　　"我要么忍受留在这里，要么辞职离开这里。"路易斯说道。她的脸上写满不开心，很显然她对这两个选择都不满意，她陷入了钻牛角尖的两难困境。当我们的大脑遵循二分法时，往往就会这样。二分法就是说人们只想到两个选择，然后在非此即彼的两个选择之间徘徊不定，因为两个选择都不怎么样。二分法是一种常见的思维习惯，我们很容易陷入其中，路易斯就是这样。每当有人卡在这儿时，我就会教他们我从印第安作家保罗·安德伍德那里学到的一种方法。保罗说印第安人相信，如果你没有考虑至少七种选择，就说明你的思考还不完整。所以我让路易斯试着想出其他五种解决问题的可能性，我解释说："它们不一定非常合理，这是为了打开你思维中的死结，超越非此即彼的思维模式去想问题。"这对她来说很难，但她做到了，而且还找到了另一种更满意的解决方法，她很开心自己接受了将"思考不只非此即彼"作为自己每次思维陷入二分法时的警句。我已经将这个改变思维习惯的方法告诉了成百上千人，每个决策实际上都不止两种选择，这种方法能帮助你找到它们。

授 权

- 只做非你不可的事
- 力所能及，水到渠成

只做非你不可的事

　　你是不是觉得授权别人很难？是不是相信（被误导的）那句旧格言——想要把事情做好，最好亲力亲为？或者仅仅觉得与其跟别人解释还不如自己动手更快？这个改变思维习惯的方法对所有事必躬亲的人尤其重要。首先，你需要知道自己的能力、时间和精力都是有限的。这种方法能帮助你区分，根据你的职责、专长和能力哪些是你应该做的、哪些是别人应该做的。你需不需要自己订机票？你的助手能否帮你完成？你需不需要出席这个电话营销会议？它对你的一个下属来说是不是一个很好的学习机会？你应该专注于那些只能由你完成的事，让其他人做他们能完成的事。我曾给一个很有效率的高管这个建议，她后来发信息给我说："我的生活完全改变了，现在我把很多事都授权给我的助理、员工，我不需要花很多时间在不重要的事上，而是集中更多时间在重要的事上。以前我觉得要是我不亲力亲为，世界都会垮掉，现在实际上反而更加顺利。"

　　问问自己，在你的角色中哪些事是只有你能完成的，确保你在做的是这些事，而不是其他人就能完成的事。

力所能及，水到渠成

当你和员工总在一遍遍重复相同的话但看不到任何进展时，是不是感觉自己就像一张坏掉的唱片？这是我在给那些团队领导者提供咨询服务时经常遇到的问题。情况往往是这样的，"我告诉他如果出现问题要跟我汇报，但他从来不这么做"，或者"我让她多创新，但……"如果你说的话也类似于这样，那这个改变思维习惯的方法也同样适合你。为了使这种方法奏效，你必须明白，如果一遍又一遍告诉别人某件事，但他们没有任何改变，就说明你在浪费你的精力，因为如果他们能做到你要求的事，他们就会这样做了。我第一次艰难地认识到这点是我曾经自己管理一家公司，有一个员工工作很出色，但非常不善于交流，每次绩效评价我都会告诉他如果工作任务过于繁重一定要让我知道，但他从来没这么做。最终我意识到，与其跟他重复，还不如提供力所能及的帮助。要么帮他学会怎么辨别自己是不是超负荷工作，要么帮他学会怎样跟别人交流信息，要么我自己主动一些，多了解他的工作情况。

如果你提某个建议或要求两次后，对方的做法还是没有任何改变，就不要继续说了，而是思考"很显然这样没有效果，我还有什么其他方法呢"，或者"我要

怎么提供力所能及的帮助，才能让对方渐渐学会这么做
呢"，等等。这能帮你不用再白费口舌就能达到更好的效
果。

恐惧

- 与恐惧握手言和
- 追根溯源：到树的底部

与恐惧握手言和

　　不管你是经常性的紧张还是只害怕一些特殊的场合，如公共演讲或在工作中向重要股东发表意见，这些恐惧都会给你造成不好的影响，不仅会让你难以认识到自己的目标，而且也会影响你享受自己的日常生活。我知道这点是因为好几十年我都被恐惧的问题困扰，而且不只是我，很多人都跟我谈到过这个问题。其中一个原因是，在西方文化中，通常我们被教育要忽视或战胜恐惧，当我们不能时，反而更受打击。佛教则有另一种方式，认为应该与恐惧成为朋友，像对待一个你深爱的、正感到恐惧的朋友一样："啊，我可怜的朋友，我知道你害怕，你不是一个人，有我在呢。"这样一说，你就给予了你的恐惧更多关注，而不是忽视它或让它膨胀，这听起来像后退，但很多时候，给予关注会让它变少甚至消失。你比你的恐惧更强大。是的，在你身体里有一个感到恐惧的你，但也有一个勇敢、机智的你，意识到这点能让你自信而不是害怕，不是因为恐惧而是因为不畏恐惧而行动。

追根溯源：
到树的底部

　　当面临恐惧的情形，如离婚、大病、不得不换工作等时，你很容易就会陷入恐惧中，思维被恐惧控制，无法思考其他事。不是因为你集中于消极方面，实际上这是大脑在缩小注意力范围，确保你注意到了可能的危险，而不是忽略它。弊端是这种机制导致你失去全局观。"到树的底部"是佛教释一行禅师想出的一种开阔我们视野的做法。在狂风中，树的顶部可能猛烈摇晃，但底部是不动的，整体去看这棵树，我们看到的是它的力量、牢固和安全。我建议我的客户用这句话来在生活中保持积极的态度。例如，我的一个客户被诊断出严重的疾病，让她感到害怕以致无法正常工作，而这句话能帮她记住她有爱她的家人、银行里的存款、栖身的房子。她每天都重复这句话好几遍，因为她需要走出恐惧。它给她一种根基感，让她在恐惧中得到安慰，可能它也能在你需要的时候同样帮助你。

快 乐

- 往好处想
- 改变、放弃或接受

往好处想

你本质上是不是一个消极的屹耳（《小熊维尼》中的童话人物），但不想继续这样？在过去 15 年中，积极心理学家的各种研究都表明，如果你的思维总是消极、失望、憎恶、生气的，你就会感到不幸福，所以如果你希望更加快乐，就应该有一些快乐的想法，对吗？这并不简单，如果你习惯性地消极思考，奇迹不会自己发生，你需要努力，这也是为什么我要把这种方法建议给那些想变得快乐的客户。你需要往好处想，但这不是自然发生的，如果你已经习惯去想不好的方面，那你就需要努力寻找那些好的方面。问问自己：现在你欣赏什么？好的方面可能是什么？怎样才能变得更好？你怎样做才能有一个积极的结果？要记住，产生这些想法在刚开始时需要很多努力，但根据之前类似的经验，我可以告诉你，你可以训练你的大脑变得更加积极。并不是只有我这么说，著名的积极心理学之父马丁·塞里格曼在《习得的乐观》中描述的研究也证实了这点。越是练习乐观，你就越容易获得它，但是关于这点我最喜欢的是，当你让自己往好处想时，你不得不去弄明白这些想法到底是什么，然后，瞧，你做到了！

改变、放弃或接受

　　你是不是发现自己一直在抱怨某件事或某个人？你的同事和朋友是不是已厌倦了听你发牢骚？是不是你自己也感到无比厌倦？为了让自己开心，你只有三种选择：你可以改变，你可以放弃，你可以接受。就是这样，你会选择哪种呢？我的客户在接受这句话后发现，不管是家庭还是工作的问题都清楚多了。有人把这种方法用在改善职场中，如找准自己的角色，更好地运用他们的才能和技术；有人通过这种方法最终决定跳槽到其他公司；还有人学会了接受已经发生的事，平息事件。很多人依次尝试这些选择，直到他们找到最好的解决办法，最后也变得开心。通过我工作中的那些例子，我不得不说，真心接受通常是最具挑战性的，至少，对那些有能力的人来说，他们习惯通过自己的努力获得他们想要的东西。接受，是屈服的一种表现，是努力的反面，是不作为。但是，你真的只有这三种选择，如果你真的想变得快乐，就得这样。

耐心

- 我有足够的时间
- 别与自己对抗

我有足够的时间

　　当复印机卡纸时你是不是无法保持冷静？当堵车时你是不是烦躁不已？当你早上要出门而你的小孩子却拖着你的腿不放时你是不是非常焦躁？没有耐心是现代社会的诅咒，是快节奏世界的副产品。我们总是吓自己，认为我们没有足够的时间来等待堵车、听女儿讲个故事、排队。而且当我们这样想时，因为没有足够的时间，所以我们陷入"非战即逃"的反应模式，而这成为自我实现的预言。最终，我们果然没有足够的时间，因为我们处于一种恐慌的反应模式，所以没有灵活地运用时间。

　　有位任职于注册资本 400 万美元的公司 CEO，超级繁忙，身兼数职，从人事总监到营销专家，她发现这句话非常有用。当某件事可能打乱她的安排时，她就会很恐慌，例如，当员工冲进办公室告诉她一个危机，或者当一个客户突然反馈一个问题时。使用这种方法能帮她保持冷静，她很快发现自己能更好地集中注意力处理每件事情，进而将处理效率最大化。你越告诉自己时间足够，你越有可能拥有足够的时间。

别与自己对抗

　　我认为耐心是当事情没有按自己的方式进展时仍然能够保持冷静、镇定和泰然自若的能力。它由三部分组成：接受（事情已经发生了）、镇静（对于已经发生的事能保持冷静）和执着（能解决已经发生的事，以便得到一个好结果）。有的人天生性情如此，有的人则更紧张、要求更高，必须靠训练让自己变得有耐心。你需要怎么做呢？那就是使用这种习惯改变法。首先，你需要明白你的不耐心是一种本能反应，或许是身体紧张，或者是诸如"这让我发狂"之类的想法。但问题是，如果我们不注意，就很可能形成坏习惯，并把这种内在反应外在地表现出来，如言辞刻薄、跺脚等。你知道自己没有耐心的表现是什么，但你没必要对自己的反应做出反应。与其立刻做出反应，你实际希望做的是花点儿时间用尽可能娴熟的方式进行回应。例如，停顿一下，然后说："我很愿意听听你的故事，但我现在必须去开会，什么时候我们可以谈谈呢？"通过这种习惯改变法，你给自己创造了一个暂停时间，有意识地帮助你想出最好的回应方式，哪怕你内心无比激动，它也会防止你做出不耐心的举动。

完美主义

- 既已不完美，就请放轻松
- 前馈而不是反馈

既已不完美，
就请放轻松

　　我第一次听到这句话是在与佛教禅师杰克·康菲尔德的一天隐居生活中。多年来我注意到他用了很多时间和西方人谈论怎样停止追求完美，毫无保留地接受我们现在的样子。现在他用"爱意识"的表达来形容我们应怎样看待自己和自我行为。因为我们越努力想变得完美，当我们不可避免有所不足时，我们就会越鞭策自己，结果只会让我们陷入一种恶性循环：追逐完美、失败、惩罚、重新尝试、失败……相反，如果我们能接受我们本来的样子，用"爱意识"来看待自己，我们反而会更留心我们当前的事，因而能创造更多的可能，做出新的、快速的反应。我曾和一个正在使用这种方法的客户聊过，他解释说："它让我对自己更加友好，而我原本以为这样会让我松懈。它也让我更加集中于手头上的事和想法，我现在的目标是有意识的行为，不管做什么，我希望自己能有意识地去选择。"正如这位领导者所发现的，意识是我们为改变任何事所拥有的最好的资源。所以，不要再努力变得完美，而要努力提高自己的"爱意识"，讽刺的是，它反而会比完美主义更让我们接近完美。

前馈而不是反馈

我曾经和一个高管一起工作，他和员工非常疏远，因为他总是不停地抱怨别人做错的一些小事。不管别人做得有多好，取得的成就有多大，他都能找到一些事情来批评："是的，你做成了一笔 10 万美元的生意，但在第 27 页你犯了一个打印错误。"这很令人沮丧，因此，很多员工都辞职了。我理解他的目的是希望员工更优秀，这也是内在完美主义的冲动，但事与愿违。所以我建议他使用"前馈而不是反馈"这句话，这是由领导力培训师马歇尔·戈德史密斯创造的。戈德史密斯正确地认识到了反馈的根本问题，它关注的是过去，是不能改变的。而在前馈中，你不评论过去，只是提出建议，以便获得更好的结果，例如："下次在交给我之前，你是不是可以先找人校对一下这些材料？"如果你能很好地看到别人做得不好的地方，可以采取合适的方式来表达，并帮助他们改善未来表现，那么他们以后会做得更好，而不是为过去的、不能改变的错误而羞愧，通过这样的纠正路线，你对优秀的要求能得到更好的满足。

优　先

- 面面俱到，没有重点
- 先思考难事
- 果汁值得榨吗——这件事值得做吗

面面俱到，没有重点

　　有一个客户经常和我抱怨要做的事太多，时间总是不够。在现代社会，有谁没面临过这个问题？我提醒他必须保证自己在做重要的事，并且学会把其他的事情授权出去。他说这让他想起他以前的一个导师说过"如果每件事都面面俱到，那就没有重点"。他解释说："它教会我一点，我的职位是经理，是思考并执行真正重要的事，我知道怎么去做，我只是忘了。"我看着他说："所以这也是我希望你每天开始工作前要对自己说的。"他回答："我可以做到。"他确实做到了，这帮助他解决了很多需求、问题和要求，让他可以集中精力于那些最重要的事情上。我建议你也可以试试，它能让你静下来想清楚到底什么才是应该优先做的。当然，优先可能意味着协商并达成一致，但不要让每件事都优先，以确保首先完成最重要的事。

先思考难事

你每天是不是被各种会议、邮件和短信包围，以至于当遇到真正重要的事时你反而无法思考？这是我的客户经常遇到的问题之一。例如，莫妮卡必须想出一个新办法来解决公司的某个难题。她抱怨："但是我根本做不到，我需要安静，不被打扰，我晚上太累了。"我向她解释，早上是思考的最佳时间，因为前额皮质，也就是大脑的"管理控制系统"，就像一块电池，白天电量被耗尽，睡觉时得到补充。这也是为什么我们要在大脑状态最好的时候先思考难的事情，而不是浪费在邮件和电话会议上。但是，要这样做，我们首先需要腾出早上的时间。我的客户很快意识到，尽管有几天她早上都必须出席会议，但大部分时间可以空余，她每周至少有两天早上可以空出两小时来思考。"先思考难事"成为她经常教导下属的一句话。很快他们习惯性地把会议都安排在下午，所以每个人都能在早上有时间进行思考。不管是不是领导，你也可以找到方法拥有早上的思考时间，或者在上班路上，或者把办公室门关闭半小时。

果汁值得榨吗——
这件事值得做吗

　　泰德是一家市值千万美元的公司的领导，他让我和他的领导团队一起工作。在员工访谈过程中，我了解到每个人都觉得他们有太多优先的事要做，反而什么事都做不好。在会上，我清楚地看到了问题所在，团队成员有很多、很棒的想法，对每个涉及的项目都非常投入。但是，泰德和他的团队对每个想法都表示赞同，他们在思考这些想法的过程中跳过了一个关键步骤，那就是在实施前对想法的分析：这个想法会花费多少人力和财力成本？现实可预计利润是多少？这个想法与当前的项目是不是合适？换句话说，当然，他们可以做，但是否值得做呢？因为我知道泰德习惯用类比思考问题，所以我说："你需要弄清楚，果汁值不值得榨。"我建议他利用这个改变思维习惯的方法，以便帮他暂停一下，分析他的想法。他很喜欢这个主意，把它纳入整个团队的协商行为。每当一个人想出一个新想法时，另一个人就会大声问"果汁值得榨吗"。结果，他们变得更具战略性，不仅减少了员工的疲惫感，让员工不再经常感到不知所措，对公司盈利也发挥了积极作用。

解决问题

- 拿得起，放得下
- 丢掉无意识的假设

拿得起，放得下

　　每当努力解决一个问题时，我们必须达到平衡：找到一种方法并给予足够时间让其起作用，但又不能陷入无效重复的僵局。在这两个方向上我们都很容易犯错，但一味向着任何一个方向走都是没有成效的。我的一个客户萨利在第一个方面有问题，她是典型的蜻蜓点水式。例如，她先同意试着用一种方法来解决一个有问题的员工，然后两周后就汇报说这种方法没有用，因为她试了一次没有起效。而鲍勃则过于投入，对于人员问题他只有一种方法，那就是严厉批评，他总是这样做，即使很多证据表明这种方法没有效果。在我努力寻找办法来帮助他们两个时，我读到调解人、作家塔米·莱恩斯基的博客，我把它转化成这样一个习惯改变法，她写道："当我教授调解时，我喜欢告诉他们在面临问题时，选择一种方法，然后拿得起，放得下。"萨利使用了这个短句来坚持选择的方法，而鲍勃则学会了轻松放手。

　　在解决问题时，我们既需要投入又需要灵活，尽管每种情况都不一样，我也不可能告诉你应该坚持多久，什么时候应该放弃，但这个改变思维习惯的方法能帮助你在两者之间找到平衡。

丢掉无意识的假设

关于大脑，我学到的最有用的知识之一就是它可以接收新信息，依据过往经验来筛选并从中创造意义——故事、结论、假设。大脑在自觉意识下自动地完成这些事情，就像其他由大脑完成的事一样。它有一个优势，如果接收到的所有信息都是新的，那我们就无法良好运转（实际上，有理论家认为自闭症就与错误筛选有关），但它也有弊端：我们的无意识假设会妨碍大脑看清新信息，这样我们就无法用新方式做出回应。这也是发生在弗朗茨身上的事，他的公司的销售额下降，他觉得是因为自己用错了负责人，为什么？因为几年前当他把负责人的职责外包时，销售额上升了。我遇到他的时候，他正在换销售总监，我问他："如果你放弃销售问题是由销售负责人导致的这个先入为主的观点，会怎么样呢？"他回答："嗯……那我会看看其他的因素，如市场动力。"经过分析，他发现了真正的问题——他的产品不再具有竞争力，并且很快他做出了生产上的调整来降低成本。为了不再犯类似的错误，他开始使用这个改变思维习惯的方法，让自己不再做一些无意识的假设干扰自己找到根本问题。不管你面临的是什么问题，这种方法也能帮助你。

拖延

- 只需迈出第一步
- 工作是开始工作的最好方式

只需迈出第一步

通常我不会拖延，但我清楚地记得自己第一次使用这种改变思维习惯的方法时的情形。几年前，我需要建一个网站，每天我都在便条上写"建一个网站"，但马上就忽略了它。这样持续了几个月，然后我读到了大卫·艾伦写的一本书《完成你的事》。他在书中写道，当我们没做一些事时，经常是由于我们认为自己需要知道所有步骤才能下手，但实际上我们需要的只是第一步，因为第一步会引导我们继续下一步直到最后。我意识到自己卡在那里的原因，我不清楚要建一个网站都需要哪些步骤，所以我问自己：第一步是什么？然后就有了答案：给我的朋友戴夫打电话，他可以告诉我应该雇谁来帮助我。我内心的僵局被打破了。不可思议的是，不到一个星期我的网站就建好了。从那之后我把这种改变思维习惯的方法教给更多遇见类似情况的人，我建议他们集中精力于第一步，这让他们得以开始，从而减轻了对巨大项目的紧张感，并且这不仅在开始时有效。一旦开始了，你就可以修改一下这种方法，集中精力于下一步而不是第一步。不管什么样的项目，你都可以有条不紊、一步一步地完成它。

工作是开始工作的
最好方式

　　我作为编辑或培训师和很多作家一起合作过，我自己也写了很多书，所以我知道空白页最能导致作家的拖延症。你没必要非成为一个作家来经历这种体验，通常在你必须从头开始一件事时它就会发生。例如，办公室需要打扫，社交网络需要关注，你拖的时间越长，你感觉越糟糕，也越难开始。这也发生在我的客户马克斯身上。他是一个工作坊的负责人、作家，他总是逃避更新博客，而这是他吸引工作坊参与人数的方法之一，所以他的拖延症影响了他的收入。我告诉他，根据我的经验，工作就是开始工作的最好方式。所以我建议他先思考一些关于博客他可以做到的小事，让自己可以开始，他立刻说"找一个话题相关的引用"。当我自己写作时，我也经常这么做，因为这会迫使我去写一些与想法有关的东西，这让我能度过"空白页阶段"。马克斯使用了这句话，不仅着手写博客，还最终把所有的博客转化成了一本很成功的书。你为什么不用这种方法帮助你度过你的"空白页阶段"呢？

关 系

- 当心空隙——注意说话内容是否被接受
- 时常安抚与照应
- 让他人理解也是工作职责

当心空隙——注意说话内容是否被接受

　　艾利克斯是我的客户中超级聪明的一个，他想成为他所在组织的副总裁。在访谈股东时，很明显他未得到高层领导的支持。为什么呢？因为他总是处于一种广播模式，没有意识到他的喋喋不休使身边人感到单调、乏味。就像某人所说，"他需要学会观察房间里的人"。和我们很多人一样，艾利克斯太关注自己想说的东西，以至于没有注意到自己所说的话到底是怎么被别人接受的。他缺少了情商的一个方面，叫作社交意识，也就是他人身上表现出的微妙的非语言线索。在寻找方法帮助艾利克斯时，我曾去了一次伦敦，并有好几次待在地铁里听到广播"当心空隙"——为了提醒乘客小心地铁和站台间的空隙。我突然意识到，这正是艾利克斯的情况，他没有注意自己说话的内容和说话被接受的方式之间的空隙。他开始在参加每次会议前重复这句话，时刻关注自己的话语对听众造成的影响。最终，他变得更具有社交意识，后来达成了自己的目标。

时常安抚与照应

一个很久没有联系的客户打电话给我，以前我和他一起工作过，那时他升任为一家新公司的 CEO。他说："我需要你的帮助，我害怕被董事会解雇。"我问了一些问题，逐渐发现了其中的症结所在。他要参加董事会季度会议并做工作成果汇报，但工作成果很少，因为公司正处于成长投资阶段，而他可能遭到董事会批评。我建议他在董事会召开前与一些董事会成员提前会面，尤其是董事会主席，回答问题、询问建议并达成一致，要找到他们的关注点，知道他们关心什么。我解释说："股东需要时常安抚与照应，想想拍松一个枕头。"我也不知道自己是怎样想到这句话，但很多年我都用它来形容这种对企业成功很关键的关系管理方法，尤其是当你在公司中所处的位置越高时就越需要它。他用轻蔑的语气回答："安抚和照应？好吧，我想我也没什么可损失的了。"所以他这样做了，结果出人意料，不仅董事会态度转变了，而且当他合同即将期满时，他们与他又续签了三年。从那之后，我把这种改变思维习惯的方法推荐给很多"准高管"，帮助他们记住要时常维护一些关键的关系，这是一个很关键的工作要求。

让他人理解也是

工作职责

有好几年，我在工作中遇到很多能力很强的管理人员，他们在步入职场的特定阶段后需要解决关于追随者的问题。他们经常得到一些消极反馈：别人无法了解他们的想法，他们没有和别人建立起联系，他们的步伐太快了，等等。在我看来，其中一个原因是他们本来就是快节奏者，他们的思维很快，明白了问题马上就行动，而其他人需要更多的时间和信息来消化新想法，明白其中的含义，然后去适应它。换句话说，这些客户需要放慢节奏，理解别人的节奏，解释得更加全面，还要多问问题来达成一致或获得别人的追随。我把这些解释给那些快节奏的客户，但是直到我的一个名叫蕾切尔的客户的经理对我说，蕾切尔需要明白，让别人理解也是她工作职责的一部分，我这才发现这种改变思维习惯的方法多么有用。蕾切尔用这种方法提醒自己多些耐心，放慢速度。不到半年，她就获得了更多积极的反馈，大家都赞扬她对公司的贡献。如果你也因为他人无法理解而烦恼，或许可以试试这种方法。

认可和奖励

- 及时奖励，事半功倍
- 不要求，便得不到

及时奖励，事半功倍

我总是把这个改变思维习惯的方法推荐给那些不善于赞扬下属的领导者。因为他们对成功有强大的内驱力，这可以让他们随时充满动力，所以这些人通常也不认为积极的反馈能改善表现，即便对他们自己也是如此。实际上，根据盖洛普公司的研究，每周赞扬是提高公司生产力和利润率的 12 个关键因素之一。因为在潜意识中，大脑在使人感觉良好的激素多巴胺刺激下工作，而这种多巴胺源于赞扬。这让大脑知道自己在正确的轨道上，如果没有得到这种刺激，它会假设所做一切的不值得努力，因而不再努力工作。但为了让它良好地工作，赞扬需要很具体，"干得漂亮"这种说辞就不会造成刺激，因为大脑不明白它具体指什么，下次应该重复什么。这种方法对一个叫马尔科的领导者非常有用。当我们第一次见面时，他认为赞扬是浪费时间，他属于软硬兼施激励风格中的"强硬"一派。在他学会了赞扬之后，他用这种方法来提醒自己在私下或领导团队会议上要说出哪个人具体做了什么是非常好的，一段时间后，他惊喜地发现，那些以前需要他不断鞭策的员工正不断取得成就，而且很快地，他不怎么再需要"强硬"的手段了。

不要求，便得不到

你是那种埋头苦干然后希望得到应得的认可和奖励的人吗？如果是，祝你好运。我无法告诉你我遇到过多少个像你这样的人，他们耐心地等待升职加薪，却只看到那些善于自我推销的同事走在了他们前面。尤其是在大公司，你要主动要求你想要的东西，并且向周围有影响力的人求助。辛西娅就是这样的人，她认为自己的工作成果自会说话，但结果很多年她都卡在同样的职位，她利用这句话来使自己走出舒适区，去找她的经理雷蒙，告诉他自己希望成为主管。"我需要怎么做才能达到目的呢？"她问道。最终，她和雷蒙一起想出了一个策略，安排她在一个跨部门的项目中担任领导角色，这样让她在主要股东面前经常以领导者的身份出现，她还找了一些高层员工寻求指导意见帮助她实现目标。不到一年，她就升到了她梦想的位置。所以说，如果不要求，你就很难得到你想要的东西。

遗　憾

- 覆水难收
- 学习而非纠结；换个频道

覆水难收

　　这是我在妮科尔·蒙斯的小说《最后的中国厨师》中看到的一句汉语成语，类似于美语表达里的"打翻牛奶，哭也没用"。但我更喜欢中文表达，因为它更看重徒劳所带来的那种遗憾。一旦你从任何为之遗憾的事情中学到了什么，那么继续把关注点放在"只要…就…"上就会是痛苦而无用的脑力劳动。这也是我的一位客户丽塔正在经历的事情。为了抚养孩子，她退出了公司你死我活的竞争，现在却发现想要重新参与到竞争中是如此困难。当我遇到她的时候，她深陷于对十年前的那个决定的悔意中，而看不到前进的方向。其实她需要把精力放在创造一个可以享受的未来上，而不是自责过去的决定。我们一直在就她的才华、热情和经验来探讨她适合什么样的工作，她也制订了一项计划来达成目标。这项计划让她远离过去所从事的工作，同时又会让她感到有成就感。这样，每当她陷于遗憾中时，她就用"覆水难收"这句话来阻止自己，并努力朝她所期盼的未来看齐。虽然这样费时费力，但最终她找到了令自己满意的工作。

学习而非纠结；
换个频道

　　你是一个喜欢沉思默想的人吗？你有没有周而复始地纠结于自己该做或能做的事情中，而且时常被自责所困扰呢？你有没有经常破坏自己的幸福感，就像我的朋友——一位健身专家帕梅拉·皮克博士所说的"仿佛自己置身于搅拌器中，按下'高档''搅碎'的按钮来回翻腾"？果真如此的话，这句话就是中止这种精神波荡的救星。那么该如何运用句话呢？首先，认真考虑你的问题——因为你的大脑在努力为未来而学习。每当我听到客户问"为什么我做不到""为什么我要这么做"的时候，我总会打断他们，让他们用和善、好奇的方式而不是自我贬低的方式来回答问题："你为什么做或不做这件事呢？"接下来问问自己："如果未来面对类似的情况，我想做出什么不同的事？"只要你能从错误中吸取经验教训，就立刻调换你的内部广播频道，去思考或去做其他的事。这样，每当你觉得自己正在为某事难为自己的时候，就换个频道，转移自己的注意力。给自己找点好玩、有趣的事去思考。我的一位客户就是用这个改变思维习惯的方法来防止自己陷于十年前所做的事情中。想象一下，可以掌控自己的思想是一件多么放松的事！

韧　性

- 🌢 看看自己走了多远
- 🌢 此事的终结，彼事的开端
- 🌢 这不仅仅发生在我身上
- 🌢 我就像一棵柳树，不会折断
- 🌢 世事无常

看看自己走了多远

这是长跑运动员在感到疲惫或痛苦的时候，为了打消放弃的念头而采用的方法。科学家称为期限效应。他们鼓励自己在已取得成就的基础上继续坚持，而不去关注还要走多远。当我的客户倾向于关注学习新行为过程中的错误时，我就用这句箴言来帮助他们培养这种坚持下去的韧性。就像神经心理学家里克·汉森形容我们天生的消极倾向一样，因为我们的大脑倾向于成为坏体验的"维可劳"，正能量的"特氟龙"。当人们遇到小挫折时，他们经常忽略已取得的进步。我永远都不会忘记我的一个客户给我打电话说她在控制愤怒方面是一个"彻底的失败者"，因为她在会议结束后跺着脚走出了会议厅。她已经准备放弃为控制愤怒所做的努力。我这样提醒她，这是三个月以来她第一次发脾气，然而在这之前她通常每个星期都会发一次脾气。把这句箴言记牢会帮助她继续坚持她已做的努力。当然，在她一团糟的时候使用这句箴言也能帮她重回轨道，因为她可以将此仅仅看作偶然失误而不是彻底失败。当你需要辅助以坚持自己所做的事情时，使用这句箴言吧！

此事的终结，
彼事的开端

　　当遭受巨大失败时，如在工作、生意、人际关系等方面，我们很难相信会有一个值得期待的明天。那种痛苦和绝望感遥遥无尽。每当我的客户处于这样痛苦的情形中时，我都向他们推荐这句箴言。这句箴言源自我的作家朋友朵娜·马可娃博士，它提醒我们无论何时经历终结，我们同样也是站在新开端，这极大地帮助我们重燃希望。我喜欢这句箴言胜过"一扇门关上的同时，另一扇门会打开"，因为它暗示了正是从失去的死亡中，新的种子才发芽生长，同时也告诉我们做过的每件事都不会白做。我的一个客户用这句箴言帮助自己做出了艰难的决定，终结了他呕心沥血经营了两年的公司。在一个星期内，他从最初的想法中衍生出了另一个变体，他所有的顾问都一致认为这个新想法更有盈利的潜质。这种"重生"当然不会轻而易举或快速地出现，但这个客户发现，就算我们看不到这是怎么发生或何时发生的，他的新想法就是在旧想法的废墟上重生的。在面临失败或人生转折的时候多重复这句箴言，它将帮你从此岸到达彼岸。

这不仅仅发生
在我身上

无论何时经历困难，我们都很容易感到孤单，好像我们是唯一有如此遭遇的人。据我所知，这是我们大脑的自然反应，会引起一种令人痛苦的孤立感和羞愧感。我们到底做了什么坏事才遭到这种特殊形式的惩罚？这句箴言是我从一个客户那里学到的。当时他正处于经历失业的烦恼日子，这句箴言是防止我们感情用事的一剂良药。他说："这不仅发生在我身上，许多人都会面临同样的境遇。"这种认知使他感到没那么孤单了，他把这句箴言用到自己离职条件的谈判过程中，贯穿到整个求职的过程中。我发现他越常用这种方法渡过难关，他就越变得对己对人都更加友善。自我同情研究者克里斯汀•聂夫把他的研究称为"认知我们共同的天性"。聂夫建议我们在经历痛苦的时候，可以使用这样的话来安慰自己，如"苦难是生命的一部分""我并不孤单""我们都在生活中挣扎"。当面临挑战时，提高自我同情和同情他人的能力也是一种很好的方式。

我就像一棵柳树，

不会折断

你可以挺过生命中的挑战，即使有时感觉不可能。你可以像一棵柳树那么坚韧，也许会弯曲，但不会折断。在我很小的时候，面对疯狂的酒鬼母亲和缺席的父亲时，我常用这句箴言鼓励自己。我在林间的房子里长大，无论何时我感到痛苦或恐惧，我都会躺在床上看着窗外的柳树。我知道尽管它们经历风吹雨打，甚至暴风雪，它们的韧性会保护枝丫不像周围的松树、橡树那样被折断。我发誓我也要这样做，这句箴言支撑我不仅度过了儿时的艰难时期，也赢得了后来的种种挑战，如慢性病痛、经济损失及离异。它不仅帮助我变得具有适应能力，而且确实感受到韧性的力量。一个企业家客户曾经历生意上的投资失败，她用这句箴言不但抚平了极度沮丧的情绪波动，而且带着新思路很快恢复如初。另一个客户画了一幅柳树的画，并且挂在办公室，以便时刻提醒自己无论何时为处理青春期女儿问题感到焦虑时，都可以用这句箴言。柳树是我知道的最有力量和韧性的象征。希望它可以在你需要的时候给你安慰和支持。

世事无常

"我一直都在用这句箴言，无论开心时还是难过时"，当我问我的一位年轻客户她最喜欢的箴言时，她这样说，"这句箴言让我在事情顺利的时候记得感恩当下，这种高光时刻不会持久，因此当它来临时我就尽情享受它。当事情变得艰难时，这句箴言又让我记住我以后都不会像此刻这么糟糕了。"我惊叹这是多么有智慧的一个 22 岁的女孩呀。因为直到 40 岁时，我才开始真正理解这句话。我曾经常常困在负面情绪中，不断地告诉自己我会一直这么糟糕，当然这也使恶性循环变得更持久。如果我没有认识到世事无常，当美好的事情出现时，我就会错失许多珍惜它们的机会。我们必须发现这些美好并感恩它们的出现！认识到世事无常是培养柔韧性的关键之一，因为它让我们避免把这些艰难的时刻具体化、固定化。这句箴言鼓励我们通过感恩美好来学会感恩，同时也培养了我们的韧性，因为它为我们提供了更宽广的视野。是的，你面临的挑战正在发生，但也有美好的事物值得去关注。多关注美好，你就会感到更加轻松、更加坚强，对自己经受暴风雨考验的能力更加自信。

冒 险

- 一分耕耘，一分收获
- 站在不愿站立之处
- 降低风险

一分耕耘，一分收获

　　伊万向我咨询是因为他正处于人生岔路口。他曾经很快地攀登到事业的高峰，所有人都觉得他的事业做得非常好。但有一个问题：他不喜欢现在的工作。他感到孤独——因为他牺牲了自己的所有个人时间而专注于工作，现在他 40 岁了，面对他所创造的生活，他觉得毫无意义。但同时，他又害怕冒着失去所熟悉的一切的风险去寻求新的发展，认识新的人。假如这不可行怎么办？假如他放弃了这份已有所成就的工作，再也找不到喜欢或有意义的工作了怎么办？或许追求稳妥才更好。于是，我跟他讲了一些我在一本小说中读到的话："你做什么，什么就会发生；如果你什么都不做，那将一事无成。"他明白了这句话。我问他："如果你愿意做些事情，你会做什么呢？"他回答："休假一年，搬到泰国去，我听说有一个项目需要乡村学校的志愿者。我总是对这些比较感兴趣。"所以，他用这种方法让自己去冒险。最终，在那里他遇到了一个美国人，收获了幸福的婚姻。

站在不愿站立之处

　　"我想改变生活的现状。"朱莉说。她是我的一个中年客户，正处于空巢期。"我感觉我每天都在墨守成规，不断地重复一些我已经做过的事情。但是我不知道该如何去冒险。我的默认值是'不同意'，甚至都不能想一下其中的可能性。"我理解她正经历的。在我们的生活中，落入俗套轻而易举，带着"我们是谁""我们喜欢什么，不喜欢什么"这种固定思维，我们日复一日地做着同样的事情，"我不喜欢聚会""我讨厌芽甘蓝""我永远都不会滑雪"，很快，我们就生活在自己设定的小圈子里了。这样让人感到很不舒服，也让人感觉非常无聊。朱莉想挑战自己、拓展自己，让自己成长，但是带着"不"的预设值，她怎样才能学会跨越自己的舒适区去冒险呢？随之我记起了曾经在莎拉·刘易斯的小说《崛起》中读到的一句话："如果让你一直站在你不想站的地方，会怎样？"我问她。她非常喜欢这种方法，并且当她本能地认为不行的事情发生时，用它来提醒自己去勇敢冒险。从那之后，她在工作中担任了新的角色，和自己几乎不认识的人共进午餐、跳莎莎舞，去做所有这些她以前从来不会做的事情。

降低风险

这个方法来自莎莉·克劳切克，她曾被《福布斯》杂志提名为世界上最有影响力的女性之一，被公认为华尔街最具影响力的女性之一。领英上记录了她生命中的冒险旅程，包括担任新成立的美联邦银行的执行总裁一职，后来又担任美国银行全球财富投资管理部的主席。她提及在她事业的每个转折点上，她都会意识到如果失败了，自己是在冒"被公开羞辱"的风险，如果成功了，她就有机会获得巨大的影响力。"降低风险"是她让自己面对而不逃避挑战的方法。她提到，对她来说，这意味着把一个有实力、兼具才智和经验的团队放到正确的位置上，而不是复制自己的思想。用这种方法可以让你在那些你想要的事情离你而去时，依然可以追求自己所想。如果作为新公司的执行总裁，事情发展并不顺利，那么降低风险对你来说可能是金融危机前的缓冲；或者当你搬到不熟悉的新地方时，降低风险可以是与你的老邻居保持联系；或者在完全承诺前先试着培养新的爱好。无论它是什么，这种方法都会把你的恐惧拦在门外，也能够保证你不仅仅是尽力一试，而是一定会成功！

自 爱

- 自爱是分内之事
- 别把出岔子变成投降

自爱是分内之事

　　我数不清到底有多少成就不错的客户坦白将"爱自己"放在待办事项清单的最底部了，昨天这样的事又发生了。一位女经理说："我的生活真的被牢牢困住了，孩子们健康成长，我的工作也很顺利。唯一不好的是我没有好好照顾自己。我不停地吃垃圾食品，睡眠质量也不高，运动早就被抛到脑后。"每当谈到这个话题时，我都会这样说："虽然没有人说过，但爱自己是你的分内之事，不是可选择的。因为如果想在工作上一展身手，你就需要充沛的精力，无论是精神上、情感上，还是生理上。假如你一直没有好好照顾自己，慢慢地你的表现就会欠佳。"当然，我们都知道应该好好照顾自己，但我们都忙于工作，这也是我提出这种方法的原因。这种方法给了像你这样的高成就人士以机会去关注自己，因为当你真正理解爱自己是你的分内之事时，凡事你都会优先考虑爱自己。因此，给自己制定一个照顾自己的计划表，然后好好坚持下去，就像和我一起工作的许多人一样。有一个客户负责 10 亿美元的业务，他曾经用这种方法开始了与体育馆的"约会"，并且坚持下来成了三项全能运动员。

别把出岔子变成投降

　　假如你用之前的方法做得很好，好好照顾自己，经常在健身房锻炼，吃得健康，睡眠也可以达到专家建议的八小时或更多，那么问题来了：假期到了，你暴饮暴食，或者你的母亲生病了，打乱了你的运动安排让你感到很沮丧，然后你用高糖分、高热量的零食来安慰自己——阻碍或破坏我们努力的事源源不断，这时该怎么办？现在这种方法就派上用场了。因为不管你多么努力地照顾自己，你都会有搞砸的时候。长久的成功有什么秘诀呢？那就是不管搞砸多少次，都不言败。这也是这种方法能帮助到你的地方。它能阻止你吃完一整盒曲奇，因为你吃了一块，就会忍不住继续吃，尽管你已经坚持一周没吃。我的一个客户露西过去常常因为破坏了健康计划而感到沮丧，以至于她沉湎于惰性并且自我厌恶了很长时间。现在当她停止健身的时候，这种方法就会提醒她明天又是新的一天。自我照顾是一项长期的工作——你在某一天做了什么几乎不会改变你过去几十年所做的。是的，你昨天搞砸了，那又怎样呢？今天重新来过就行。

自信

- 做猛虎而不是猫咪
- 矫正扭曲
- 我是蝴蝶，不是飞蛾
- 做自己的老板

做猛虎而不是猫咪

　　我喜欢这句箴言——它来自我的一本书的读者，她曾经给我发邮件求助，写了这句箴言"做一只老虎，而不是小猫"。这个年轻女士觉得自己太过耳软心活——她想变得更加自信。这是一个很正常的要求。然而每当我和那些想要增加自信的人一起工作时，让我觉得吃惊的是，他们经常花费大量时间喊一些肯定自己的口号，如"我很自信，我很坚强"。在我的印象中，诸如此类的话语一般并不会起作用，因为你的大脑不相信你所说的，大脑中会有一个否定的声音回应你："不，你不是。"相反，你需要通过行动来增加自信，这会给你的大脑发送具体的信号。这句箴言可以帮助你做到尽管你感觉不像一只老虎，但你可以行动得像一只老虎。从微小、低威胁性的事情入手，这会帮助你建立自信去冒更多风险。也许在你告诉你的朋友你不喜欢她与你说话的方式后，并没有什么严重的后果发生，那么现在你就会感到足够自信去冒险告诉你的上司你想要升职。这句箴言也可以帮你厘清在极具挑战性的情况下你该采取什么行动：如果我现在就是一只老虎，我该怎么做？当你不断努力让自己成为一只老虎时，你终将成为老虎！

矫正扭曲

　　这是谢丽尔·桑德伯格在自己的作品《向前一步》中提到的方法，也是依据广泛的跨学科研究得出的，与男性相比，女性通常会被低得多的自信心所困扰。这种现象通过多种方式呈现出来。例如，女性总是把自己的表现判定得比实际情况坏很多，而男性则会把自己的表现判定得比实际情况好很多。当涉及求职时，除非她们与工作要求百分之百匹配，否则女性会感到并没有足够资格去申请这份工作，而男性只要有百分之五十的匹配度，他们就会破釜沉舟，奋力争取。就算我们认为这是社会现象而不是个人现象，那也很难去改变。在桑德伯格的著作中，她这样提到自己："随着时间的推移，我意识到当我觉得摆脱自我怀疑很难的时候，我可以理解为确实存在一种扭曲……我学会了矫正这种扭曲。"这些话跳出书本朝我而来，成为一种神奇的思维习惯改变法的来源。从那以后，来找我咨询的女性开始用这种方法意识到，当自我怀疑时，不要管这些，大胆去做。她们也明白了如果要等到自己感觉自信时再行动，那就会永远等待下去。正如一个用此方法开始新事业的女性所说："这种方法帮我看清我的这种无价值感是个谎言，因此我不必理会太多。"

我是蝴蝶，不是飞蛾

你习惯于深藏不露吗？你害怕站出来惹恼他人吗？这是存在于女性中的一个普遍问题，这也使我们变得比真实的自己更加渺小。有时候一路走来，你会听到这样的信息，你做得好就意味着另一个女性——朋友、母亲、姐妹——会感到沮丧，或者说用一种强调的方式太关注自己是危险的。因此，为了不威胁周围的人，你需要像飞蛾一样躲在黑暗中，他们甚至不会感谢你因为他们根本不知道你在做什么！这个问题如此普遍，所以在我演讲完曾经有一个著名的女性来找我，因为她想要"与大胆向众人宣布自己所长的女性握手"。为了扭转这种趋势，我的一个客户给自己提出了这句箴言。她厌倦了像一只飞蛾一样生活，她决定冒险展示她真实的色彩。她用这种方法鼓足勇气离开了她原来的安全工作，成立了一家成功的国际咨询公司，这个过程需要她充分展示自己的才华。我的许多其他女性客户也接受了这句箴言，同样达到了很好的效果。展现自己的与众不同会让你变得怎样呢？

做自己的老板

　　我曾和几个努力成为老板的女性企业家一起工作。她们冒很大的风险成立自己的公司，然后发现每一步都是"摸着石头过河"，并且向顾问寻求越来越多的帮助，不可避免这些意见会起冲突，这也让她们更加不确定该如何继续。一位叫安妮的女性成立了一个新企业孵化器，在那里 77 位男性一个接一个地告诉她哪里做错了，他们认为应该怎样做。但这并没有帮到她，所有的一切都让她动摇了自信，增加了困惑。不管你处在什么样的情况下，都很难平衡寻求他人意见的本性与遵从自己内心之间的关系。任何一边出现太多错误都不是好现象。我观察到女性倾向于听太多他人的建议。重复"做自己的老板"这句箴言就会解决这个问题，它帮助安妮重新认识到这是她的公司，她应该注入更多自己的想法与信任，就像信任他人一样。她不仅仅在这句箴言的指导下成功整合了那 77 位男性的建议，而且自此以后每当有人告诉她该怎么做时，她都会坚信自己可以做自己的舵手。

压 力

压力是纸老虎

当你因为某事感到压力太大时，是不是感觉像有一只贪婪的老虎将要吞噬自己？这个问题看起来令人无比畏惧，你也不知道该怎样去应对。但是，有一种可以跳出来的方式——那就是承认自己面对的仅仅是一只纸老虎，而不是真的。这并不是说让你假装问题不存在，而是说你要明白它并不会严重到影响你的生活。神经心理学家里克·汉森提出了这个隐喻来说明压力反应的目的是把你从真实的危险中解救出来——就像一只在追赶你的老虎。但你的杏仁体，也就是产生压力反应的部位，并不能区分老虎和交通堵塞。因此，当你只是遇到交通堵塞，或经历航班延迟，或考虑一个重要的报告演示时，它的反应就像有老虎在追你。无论何时你感到有压力时，这句箴言都会提醒你的身体或大脑你并没有遭遇生命危险，这样你就可以冷静下来仔细厘清如何应对交通堵塞、航班延迟和报告演示。一位压力很大的客户跟我说："这句箴言就像一个救生员，它让我可以停下来思考是否存在一个问题，必要时解决这个问题，然后继续从容地生活。"

飞机还在飞吗——
学会辨别紧急情况

　　第二次世界大战中的战斗机飞行员曾经被训练用这个问题来帮助他们决定何时按下弹出键，跳伞逃生。首要准则是：如果飞机不能飞了，那就逃生。如果还可以，那就留下来保持飞行。我让压力大的客户用这种方法帮他们辨别真正的紧急情况。强迫自己核实是否真的处于危险之中是让你冷静下来的唯一方法，因为这迫使你向你的杏仁体证明并不存在迫切的威胁，这样它就能拒绝压力反应。有这样一个例子，我的一位高层客户对工作中的某种特定情况有一触即发的压力反应。每当错过最后期限，无法预测季度的可能产值时，甚至每当发生他不希望看到的事情时，他都会立即产生巨大的压力反应。结果他的血压长时间处于危险状态，威胁着他的身体健康，也使他在工作上表现不佳。他用这个问题提醒自己"世界并不会因为一个问题或可能的问题出现就走向末日"。起初他必须每天都重复很多遍这句话，但他确实学会了保持更加冷静，他的血压也相应地恢复正常了。

成 功

- 要比，就比好的方面
- 要成功，多关注成功经验
- 没有附加条件的渴望

要比，就比好的方面

　　我正在同一个二十几岁的生意人谈话，她在抱怨自己在成功的道路上无法像她的同伴那样"走得很远"。这是正常的情绪，对吗？我们环顾四周，把自己置于某个无形的成就天平上，往往发现自己总是有需求。不管我们处于什么年龄段或人生阶段，总有人比我们做得更多，赚的钱更多，得到的荣誉更多。幸福专家经常告诉我们不应该总把自己和别人做比较，但那是不可能的——我们的前额叶皮质的部分功能就是吸收信息，把它们与之前所得到的结论或判定做比较。然而，正如我给我的年轻客户解释的，对于大脑的这种倾向，我们能做的就是确定真正要比较的标准。她问我："这是什么意思？"我说："成功对你来说意味着什么？"她马上给出了答案："做自己的老板，可以在我想做什么的时候自由地去做。""那什么时候你会把自己的情况与他人做比较？就这些标准，你发现了什么？"我问。她大声说："我忙于把自己与这些我甚至不感兴趣的标准做比较，以至于根本没有注意到我已经取得的成功。"从此，她和其他客户都用这种方法来提醒自己朝着真正想要的目标去努力。你也可以的！它会确保你与自己真正看重的标准做比较。

要成功，
多关注成功经验

　　我与很多成功人士共事，当面临综合的陈述报告时，他们都有表现焦虑症。谈及此事时，他们担心自己会出丑。我问了他们每个人一个问题："你能记得你哪次报告做得非常顺利？"正如我猜测的，每个人都可以至少回忆出一次，尽管有焦虑，但他们仍然表现不错，甚至表现得非常棒。然后我又让他们关注一下以前取得的成功：尽可能仔细地去看、感受自己在那种情况下的表现。复盘他们做了什么使之如此顺利，以及那样的感觉如何。然后我建议他们用这种方法在每次开始感到焦虑时，尤其是在下次做报告之前，真切地回顾一下他们之前所取得的成功。每个人都说很有效果，这种方法并不仅仅适用于做报告，它适用于任何你想做好的事。关注以前的成功会创造成功，因为这让我们注意到自己做的是正确的，这样我们就可以重复它："噢，是的，第一次我说给我的同伴听，获取她的意见，后来对着更大的群体演讲我准备得更加充分。"相反，关注失败则会得到更多的失败。因为大脑的消极倾向，如果我们不用这种方法来提醒自己，我们就很容易被困在所做的错事中，阻碍我们的成功。

没有附加条件的渴望

　　我经常把这种改变思维习惯的方法送给新公司的成立者，他们非常担心生意失败，以至于让他们自己和周围的人都受罪，而且也让生意处于风险中。这个概念源于神经心理学家里克·汉森，他在附加与希望之间做了区分，前者指用压力和紧张来努力达成目标；后者指朝着你想要的方向发展，"无论目的地在哪里，旅途都会带来外在的努力和内在的平静"。我经常给很多非常有雄心壮志的客户建议这种方法，因为我发现，正如汉森在自己的书《就做一件事》中提到的："很矛盾，轻松地坚持目标会增加成功的概率，而附加东西——害怕失败——会阻碍到达成功的巅峰。"这并不是说不用专注、控制我们要达到的目标，而是不要陷入让你感到绝望的点。汉森指出不同的情况会涉及不同的大脑系统。当我们向往时，很正常，是关于喜欢（我愿意）的；对比当我们被附加东西的时候，这是关于需求（我得到）的，与此同时也就产生了强烈的愿望和痛苦。用这种方法可以把你从希望之地带到目标之地，正如汉森所说："好好感受生活的方式，就算你没有达到预定目标，也没什么问题。"

工作与生活平衡

- 不要焦虑，工作永远做不完
- 忙碌是一种选择
- 现在请翻转你的碗

不要焦虑，
工作永远做不完

如果你有很大的压力，想要把一切都做好或担忧你的任务太多，你的邮箱收件箱太满，那这句话就适合你。我向你保证，没有人能做完工作上的所有事情，清空收件箱可能需要一两个小时，但眨眼间它又填满了。我们都有很多事要做，当你试图完成所有事情时，你只是给自己增加了不必要的压力，也让你在工作中筋疲力尽。做重要的事已经足够难得了——不必再给自己增加额外的压力，认为自己是超人。我曾把这种方法介绍给了许多人，帮助他们不再为还没做完的事而苛责自己。一位年轻的爸爸发誓要用这种方法改善生活，一周中每天都提前下班两天去陪他的儿子玩耍，因为他以前每天晚上都在加班"赶进度"，只能在周末陪陪三岁的儿子。这种方法使他恢复了元气，同样对他的孩子也很重要。昨天他跟我说，在办公室时，他有更多的耐心对待工作，而回到家里，他和儿子、妻子的关系也比以前更好了。

忙碌是一种选择

这种方法来自乔纳森·菲尔德——《不确定性的魔力》一书的作者。我通常给我的重要客户介绍这种方法，他们不断地逼迫自己越过压力点。他们"不得不"去印度出差两周，尽管他们过去的六周都在路上奔波，已经危害到健康和婚姻；他们"不得不"在外边参加会议，尽管医生已经强烈命令他们手术后卧床休养四周；他们"不得不"因为一个深夜会议而错过去看女儿的独舞表演（所有这些都是我的客户的真实故事），等等。事实上，是他们选择了去做这些事。但是，当处于这种状态时，你会感到毫无选择权，对吗？一般情况下在轨道上停下来才会得到信息。我学会这种方法是在我二十几岁背部受伤时，我完全卧床休息了几个月。尽管我并没有做任何我"不得不"做的事，这个世界和我的生活依然在继续。事实上忙碌是一种选择，只有当我们真正理解我们在选择时，我们才能决定不去选择。我那个要去印度出差的客户用这种方法把旅行推迟了一个月，这样她可以有时间恢复元气，重新开始。有女儿独舞表演的那个客户找到了别人替他参加会议。刚手术完的那个客户表达了她的歉意。你完全可以慢下来，即使这样，你的世界也不会崩塌。

现在请翻转你的碗

工作时暂停工作有困难吗？不管白天做了什么，都会对自己的成绩感到不满吗？我的很多高绩效客户尽管拥有快速、活跃的思想和完成目标的驱动力，但他们经常会感觉如此。这时候我就向他们建议这种方法。这种方法来自《厨房餐桌智慧》中的一个故事。在书中，蕾切尔·娜奥米·雷曼写了她的犹太祖母的一个传统。清晨，她盛满了一碗水，念了一段祝颂，祈求那一天过得圆满。白天结束时，她会把水倒出来，把碗翻过来，象征她那天尽力做到了自己应该做的，现在已经做完了。那些用这种方法的人发现这是一种分离工作和休息时间的好方法。如果你放不开日常生活中的这些事情、问题和挑战，没有满足感和平静的话，那就用这种方法吧。想象你正端着一个装满今天你所有工作的碗——尽管它不像你希望的那么多——然后把它翻过来。你今天已经尽力做到最好了，你明天将重新得到世界的眷顾。当明天到来时，你会尽力做到最好。现在，是时候把你的碗翻过来好好休息一下了。

担　忧

- 身体没有到达的地方，不要挤入思想
- 外包你的忧虑

身体没有到达的
地方，不要挤入思想

　　你经常担心会发生任何糟糕的事情吗？我们中的许多人都用这种奇怪的想法来折磨自己：如果现在忧虑，就会让不好的事情远离。事实上你所做的一切都只会让你现在更痛苦，因为你一直在关注你觉得会发生厄运和不幸的可能，但它们通常不会发生！如果你是一个慢性焦虑者，试试这种方法，它源于我的一位以英语为第二语言的客户。我和她一起工作，试图打消她对一切可能降临到自己头上的灾难的担忧。我建议她对自己说："船到桥头自然直。"之后很快，我们就结束了对她的辅导，她继续从事海外工作去了。很多年后，她突然给我打电话说学会"身体没有到达的地方，不要挤入思想"多么有益。这种方法完全消除了她的担忧。我对她的翻译很满意，现在我把它传递给所有的忧虑者。用这种方法提醒自己所有的忧虑都在将来，可能不会消失。但是你还没到达那里——它只是在你的头脑里酝酿。如果糟糕的事真的会发生，那么等它发生了再处理吧！

外包你的忧虑

　　我的一个客户启发我发现了这种方法。她其实没有让他人为自己担忧，只是尽量争取帮助，例如，让她的助理想出各种办法以避免那些往往会引起她忧虑的事情：害怕迟到，害怕没准备好。外包忧虑这种方法让她能够得到需要的帮助。我喜欢这种方法，因为我们每个人都会在最需要支持的时候担忧。我们在某些方面坚强，在另一些方面不坚强。我们担心是因为在我们的各种思维中没有简单的答案，我们的这种思维也不坚固。对这个客户来说，这是程序性思维。对我来说这是对未来的思考。由于我们在特定领域缺乏自在感，我们很容易就陷入忧虑的螺旋圈，不知道该做什么，只认为我们必须自己把事情处理好。这种方法有助于提醒我们在即将陷入忧虑的螺旋圈时求助于那些善于思考的人。对我的客户来说，这个人是她的助理，她帮助我的客户制定了一个日程表，包含固定准备时间和足够的空间，使她不必担心迟到。你不用非要自己搞清楚——可以外包你的忧虑！